ANATOMIE DER HÖRRINDE

ALS GRUNDLAGE DES PHYSIOLOGISCHEN UND PATHOLOGISCHEN GESCHEHENS DER GEHÖRSWAHRNEHMUNG

VON

PROFESSOR DR. MAX DE CRINIS
DIREKTOR DER PSYCHIATRISCHEN UND NERVENKLINIK AN DER UNIVERSITÄT KÖLN

MIT 22 ABBILDUNGEN

BERLIN
VERLAG VON JULIUS SPRINGER
1934

ISBN-13: 978-3-642-89612-5 e-ISBN-13: 978-3-642-91469-0
DOI: 10.1007/978-3-642-91469-0

AUSGEFÜHRT MIT UNTERSTÜTZUNG DER
ÖSTERREICHISCH-DEUTSCHEN WISSENSCHAFTSHILFE.

ALLE RECHTE, INSBESONDERE DAS DER ÜBERSETZUNG
IN FREMDE SPRACHEN, VORBEHALTEN.
COPYRIGHT 1934 BY JULIUS SPRINGER IN BERLIN
SOFTCOVER REPRINT OF THE HARDCOVER 1ST EDITION 1934

Vorwort.

Die moderne Hirnforschung zeigt uns immer mehr, daß wir vom Ziele, den Feinaufbau des Gehirns restlos zu klären, noch weit entfernt sind. Es ist daher zweckmäßig, einzelne Gebiete herauszugreifen und zu bearbeiten. Obwohl über die Anatomie der Hörrinde schon Arbeiten vorliegen, glaubte ich, den Zellaufbau dieses Gebietes noch besonders berücksichtigen zu müssen und hoffe, mit diesen Untersuchungen einen Beitrag zu diesem schwierigen Problem geleistet zu haben.

Ich habe aber auch versucht, einen allgemeinen Überblick über die Anatomie und Physiologie zu geben und bin auf die ersten Untersuchungen dieses Gebietes von RICHARD L. HESCHL etwas ausführlicher eingegangen, da sie, unverdienterweise vergessen, wieder unserem Gedächtnis zurückzuführen wert sind. Dieser große Forscher, ein Kind der grünen Steiermark, hat als pathologischer Anatom in Graz und Wien in stiller Forscherarbeit zum Ruhme der deutsch-österreichischen Medizin gewirkt und sein 110jähriger Geburtstag, der in dieses Jahr fällt, soll uns, mit der Erinnerung an diese überragende Persönlichkeit nunmehr an die Gemeinsamkeit wissenschaftlicher Interessen und Beziehungen der beiden Staaten gleichen Stammes und gleicher Kultur gemahnen. Wir schulden unserem Landsmann daher doppelten Dank.

Der Notgemeinschaft deutscher Wissenschaft (österreichisch-deutsche Wissenschaftshilfe), mit deren Unterstützung nur die Untersuchungen durchgeführt werden konnten, werde ich dafür stets Dank wissen. Dank auch dem Verlag für sein verständnisvolles Entgegenkommen!

Graz-Köln, Herbst 1934.

M. DE CRINIS.

Inhaltsverzeichnis.

Seite

Einleitung 1

I. Anatomie der Hörrinde 1

   a) Makroskopische Beschreibung der Heschlschen Windungen, unterschiedlicher Verlauf derselben beim männlichen und weiblichen Geschlecht, Ausbreitung der Temporalregion in der Konvexität der Hirnoberfläche.

   b) Zellaufbau der Hörrinde, der Querwindung (engere Hörsphäre), Ausbreitung der Areale auf der erweiterten Hörsphäre, myelogenetische Felderung. Ausbreitung der akustischen Zelle (Cajalzelle).

II. Physiologie der Hörrinde 30

   Lokalisation derselben auf Grund der Ergebnisse aus der Pathologie. Lokalisation der Lautwahrnehmung und Tonwahrnehmung. Flechsigs und Henschensche Lehre. Beziehung der einzelnen Areale zur Gehörswahrnehmung. Physiologische Bedeutung der akustischen Zelle.

III. Befunde bei Taubheit und die Möglichkeit ihrer Deutung 40

   Zusammenfassung 41

IV. Literatur 44

Einleitung.

Wenngleich das Interesse an der zentralen Vertretung der Hörwahrnehmung schon frühzeitig erweckt wurde, ist doch die Anatomie und Physiologie dieses Rindengebietes, das als Hörrinde bezeichnet wird, eine Errungenschaft der letzten Jahrzehnte. Wir verdanken RICHARD L. HESCHL (1) die erste gründliche anatomische Beschreibung der auf der oberen Fläche des menschlichen Schläfehirns verlaufenden Windungen, die seither auch nach ihm benannt werden. Seine umfangreichen Untersuchungen hatten vor allem anatomische Ziele, die in äußerst bemerkenswerten Feststellungen über Verlauf und Bildung derselben im allgemeinen und im besonderen beim männlichen und weiblichen Gehirne gipfelten. Aber auch physiologische Vorstellungen knüpfte er an seine Untersuchungen, und die damals noch dürftigen histologischen Untersuchungen über die Ganglienzellen dieser Formation veranlaßten ihn bereits zu einem Schlusse über die Aufgaben dieser Windungen. Er machte nämlich als erster die Feststellung, daß die Form der Zellen diese Windung den sensitiven Gehirnteilen zuweist.

Damit wurde er also der Begründer der Anatomie und Physiologie dieses Gebietes, welches wir heute als „Hörrinde" bezeichnen.

Etwas früher hat WERNICKE (2) auf Grund klinischer Erfahrungen die Beziehungen *von Hörvermögen und Schläfelappen* erkannt und den Beweis erbracht, daß die Schläfelappen die „zentralen Endstätten des Gehörsinnes" sind, ohne auf ihre Anatomie einzugehen. Die anatomischen Beziehungen von Hörbahn und Rinde erhielten jedoch erst durch die exakten anatomischen Untersuchungen P. FLECHSIGS (3) eine Unterlage. Seine Lehre von der Myelogenese verschuf uns neue Kenntnisse über die corticalen Endigungen der Hörbahn, und die Schlüsse, die er aus seiner Lehre zog, gaben unseren heutigen Ansichten über die Physiologie der Hörrinde eine wissenschaftliche Stütze. Er sah in der *Querwindung* der ersten Temporalwindung den wesentlichen Teil der „Kernzone der Hörsphäre" und ermöglichte uns zum ersten Male eine corticale Lokalisation der Hörfunktion. Seine Lehre hielt allen Angriffen stand, und die Weiterforschung auf diesem Gebiete wird immer wieder von den Ergebnissen FLECHSIGS ausgehen müssen, wenn sie unsere Kenntnisse erweitern und die Probleme, die noch ungelöst vor uns liegen, einer Lösung zuführen will.

So bleiben die Namen der beiden großen Forscher HESCHL und FLECHSIG für immer an das Gebiet der Hörrinde gebunden, und die Hirnforschung wird ihre unvergänglichen Verdienste stets zu würdigen wissen.

I. Anatomie der Hörrinde.

Den wichtigsten Anteil der Hörrinde stellt die *Querwindung* dar. Diese liegt an der oberen Fläche des Schläfelappens und wird erst nach Auseinanderdrängen der Fissura Sylvii sichtbar. Es ist stets eine Windung, häufig sind aber auch zwei und mehrere entwickelt. HESCHLS Beschreibung der Querwindung legt besonderes Gewicht auf die vordere. Sie geht nach ihm beiläufig aus der Mitte des äußeren Randes der oberen, ersten Schläfewindung hervor. Sie ist immer die längste der Querwindungen, falls mehrere vorhanden sind, verschmilzt öfter mit den benachbarten und endet entweder allein oder gemeinsam mit der nächsten (zweiten), von dieser durch eine Furche, die HESCHLsche Furche, getrennt, im hintersten Winkel der SYLVIschen Spalte, etwa 1 cm vom Eingang zum Unterhorn. Auf Grund der Messungen, welche HESCHL an einem Material von weit über 1000 Gehirnen durchführte, gibt er ihre Höhe mit 4—12 mm, ihre Dicke mit 2—15 mm an. Die Länge der Querwindungen schwankt mit der Tiefe der SYLVIschen Grube.

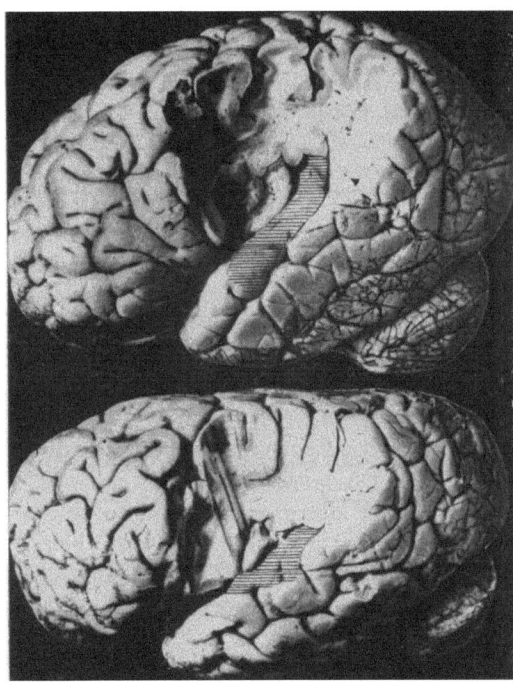

Abb. 1. Die Schraffierung hebt die HESCHLsche Querwindung hervor. Oben: Typus der steilabfallenden HESCHLschen Windung. Männliches Gehirn. Unten: Typus der flachabfallenden HESCHLschen Windung. Weibliches Gehirn.

HESCHL (1) konnte bei genauerem Studium der Querwindung, ihres Ursprunges, Verlaufes und ihrer Verbindungen einen Befund erheben, welcher auffallende Unterschiede zwischen männlichen und weiblichen Gehirnen, aber auch zwischen rechter und linker Hemisphäre erkennen ließ. Besonders die Art des Ursprunges aus der ersten Schläfewindung ist nach HESCHL auffallend, und der Unterschied beruht darauf, daß die Querwindung bogenförmig und vollständig in die erste Temporalwindung übergeht. In diesem Falle ist stets eine sehr tiefe Hinterfurche vorhanden, in welche die erste Schläfefurche direkt übergeht und sich dadurch bis in dem hintersten Inneren der SYLVIschen Spalte fortsetzt. Diesen eigenartigen Verlauf fand HESCHL bei 632 männlichen Gehirnen *91mal (14,4%) links*, nur *2mal rechts und 3mal beiderseits*. Bei 455 weiblichen Gehirnen war diese Eigentümlichkeit auf der linken Seite nur *in 4,2%*, rechts *in 0,2%* und beiderseits in 0% anzutreffen (Abb. 1). *Er kommt somit zu dem Ergebnisse, daß diese besondere Bildung des bogenförmigen Überganges der Querwindung in die erste Temporalwindung beim männlichen Geschlechte wesentlich häufiger vorkommt als beim weiblichen, und es ergeben sich somit, wenn auch nur in einem bestimmten Prozentsatze, Unterschiede in der Windungsbildung zwischen männlichen und weiblichen Gehirnen.*

Der Verlauf der Querwindung, welchem in jüngerer Zeit R. A. PFEIFER (4) besonderes Augenmerk zuwandte, ist aber auch für die Beurteilung der Lokalisation von Herden im Schläfelappen und für ihre pathophysiologische Auswertung von großer Bedeutung.

R. A. PFEIFER unterscheidet nach dem Verlaufe der Querwindung den Typus der „steil abfallenden" und der „flach abfallenden" HESCHL-Windung. Aus seinen Abbildungen geht hervor, daß der erstere Typus sich mit dem von HESCHL (in 14,4%) beschriebenen deckt, in welchem die Querwindung bogenförmig in die erste Temporalwindung übergeht. Mit anderen Worten, jener von HESCHL beim männlichen Gehirne besonders der linken Hemisphäre beschriebene Verlauf der Querwindung ist dem Typus der „steilabfallenden" Querwindung nach PFEIFER gleichzusetzen, und auch aus den zahlreichen Abbildungen PFEIFERs geht hervor, daß dieser Typus beim männlichen Geschlecht und auf der linken Hemisphäre häufiger ist als beim weiblichen. Denn es ist wohl kein Zufall, daß unter den 12 abgebildeten Gehirnen 9 Gehirne den von HESCHL beschriebenen bogenförmigen Übergang in die erste Temporalwindung zeigen, von PFEIFER als steilabfallender Typus der Querwindung geführt, und daß unter diesen 8 Gehirne von männlichen Leichen stammten. Auch ich konnte mich davon überzeugen, daß der steilabfallende Typus nach PFEIFER, mit dem bogenförmigen Übergang in die erste Temporalwindung im Sinne HESCHLs, beim männlichen Gehirne auf der linken Hemisphäre unvergleichlich häufiger anzutreffen ist als beim weiblichen Geschlecht. Durch PFEIFERs Studien werden somit die in Vergessenheit geratenen Befunde HESCHLs bestätigt, wenngleich die Fragestellung der Untersuchungen bei PFEIFER eine ganz andere war und es sein Verdienste bleibt, diese Variationen im Typus der Querwindungen für den Verlauf der Hörbahn und ihre Schädigung zu klären.

Mit der anatomischen Beschreibung der Querwindung ist jedoch die Hörrinde nicht abgegrenzt. Wenn es auch sichersteht, daß die Hörbahn nur in die Querwindung einstrahlt, so wissen wir doch aus der Pathologie, daß der psycho-physiologische Vorgang des Hörens sich nicht hier, sondern in einem größeren Gebiete abspielt, welches an die Querwindung angrenzt. Wenn es auch fraglich ist, ob beim Menschen der ganze Temporallappen dafür in Anspruch genommen wird, so bleibt doch sicherstehend, daß seine Entwicklung in der Stammesgeschichte und der Zellaufbau des Temporallapens, auch wenn er in Untergruppen zerfällt, gewisse gemeinsame charakteristische Merkmale aufweist. Somit steht nicht nur eine anatomische Zusammengehörigkeit fest, sondern es ist auch eine funktionelle Zusammengehörigkeit wahrscheinlich. Wir wollen alle diese Gebiete, welche beim Menschen und bei höheren Säugern zum Temporallappen gehören, für entwicklungsgeschichtliche Vergleiche als „Temporalregion" zusammenfassen und damit auch dem cytoarchitektonischen Aufbau Rechnung tragen, indem wir als wesentliche Anteile desselben die Areale 20, 21, 22 nach BRODMANN (5), TA, TE, TE_2 nach ECONOMO (6) ansehen. Diese Areale also, welche in ihrer Gesamtheit die Temporalregion ausmachen und bis zu niederen Säugern sich verfolgen lassen, werden beim Menschen noch durch Hinzutreten anderer Areale, 41, 42, 52, 38 nach BRODMANN, TB, TC, TD, TG nach ECONOMO erweitert.

Wenn wir die Ausbreitung der Temporalregion auf der Hirnoberfläche entwicklungsgeschichtlich vergleichen, so können wir feststellen, daß die Ausdehnung derselben im Verhältnis zur Gesamtoberfläche sich kaum wesentlich ändert. *Die Ausbreitung der Temporalregion macht beiläufig ein Sechstel der Gesamtoberfläche aus, gleichgültig ob das Gehirn einer Springmaus, eines Kaninchens, Wickelbären, Affen oder Menschen vorliegt* (s. Abb. 2).

Wohl aber ändert sich die qualitative Zusammensetzung der Temporalregion, welche vor allem beim Menschen durch vier Areale erweitert und kompliziert wird. Diese beim Menschen neu hinzutretenden Areale befinden sich vornehmlich auf der HESCHLschen Querwindung TB, TC, TD, einem Windungsgebiete, welches nur bei den höchsten Säugern (Affen) entwickelt ist und beim Menschen eine verhältnismäßig besondere Ausdehnung und Variabilität aufweist. Dazu kommt noch das Areal TG nach ECONOMO, Feld 38 nach BRODMANN am Schläfenlappenpol.

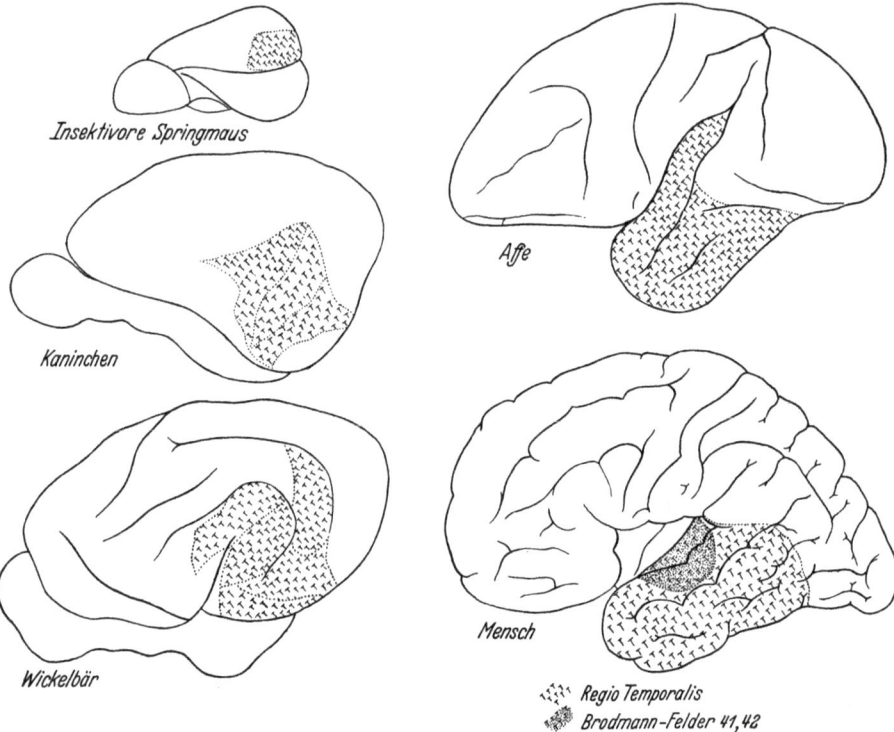

Abb. 2. Ausbreitung der Temporalregion in der Konvexität der Großhirnrinde.

Zusammenfassend können wir daher sagen, daß die Temporalregion entwicklungsgeschichtlich nur qualitativ eine Zunahme durch Hinzutreten neuer Felder erfährt, die besonders beim Menschen auffallend ist. Diese Feststellung ist für die diesem Gebiete zukommenden Leistungen von größter Wichtigkeit und gibt zum Vergleich der psychophysiologischen Aufgaben dieses Gebietes Veranlassung, worauf weiter unten eingegangen werden soll.

Der Zellaufbau der Temporalregion

ist, wie schon erwähnt wurde, kein einheitlicher, und die Architektonik der Querwindung selbst ist in mehrere Areale gegliedert.

Im allgemeinen wird der Temporallappen in die Regio supratemporalis, temporalis propria fusiformis und polaris eingeteilt. In diesen verschiedenen Gebieten sind verschiedene Typen des Zellaufbaues festzustellen, die nach ECONOMO fließend ineinander übergehen.

Economo (6) führt in großen Zügen die gemeinsamen Merkmale der Temporalregion im folgenden auf:

„1. Der ganze Rindenquerschnitt ist breit, besonders im Vergleich zur Occipital- und zum Parietallappen und erreicht Werte, wie sie bloß noch im hinteren Frontallappen zu finden sind.

2. Die Molekularschicht ist breit.

3. Die äußere und innere Körnerschicht werden viel schmäler und weniger zelldicht als im ganzen übrigen retrozentralen Hirne. Polar nimmt die Lockerung der Körnerschicht zu.

4. Die Pyramidenzellschicht (III) wird im allgemeinen zellärmer, zellgrößer und dabei doch viel weniger zelldicht als im übrigen Teil des retrozentralen Hirnes, zugleich wird sie auch schmäler.

5. Die ganglionäre Schicht wird, im Vergleich zur gleichen Schicht des umgebenden unteren Scheitelläppchens und Hinterhauptlappens, wieder viel zellgrößer und die ganze Schicht breiter, oft ganz bedeutend breiter und zelldichter.

6. Auch die Spindelzellschicht wird zellgrößer, breiter und zelldichter.

7. Infolge der beiden letzteren Umstände überwiegt die innere Hauptschicht an Breitenausdehnung und Zelldichtigkeit über die äußere ganz bedeutend.

8. Die Rinde ist deutlich radiär gestreift oft durch alle Schichten durch, sogar bis in die äußere Körnerschicht (II).

9. Besonders auffallend und für die Temporalformation beinahe ganz charakteristisch ist die starke Streifung der IV. Schicht, wo die Streifung sonst ja gewöhnlich fehlt, und die diese Schicht in deutlich voneinander getrennte parallele senkrecht voneinander isolierte Zellsäulen zerlegt."

Economo fügt dieser Aufzählung hinzu, daß kein Areal und keine Stelle des Temporallappens überhaupt gleichzeitig diese angeführten Charakteristika enthalte, sondern die verschiedenen Teile derselben tragen regionär die eine oder andere dieser Eigentümlichkeiten in mehr oder minder entwickeltem Maße zur Schau. Damit schwächt er aber die Feststellung der gemeinsamen Merkmale wesentlich ab, und es könnte an der cytoarchitektonischen Zusammengehörigkeit der Regiones temporales gezweifelt werden. Ich werde weiter unten durch meine Untersuchungsergebnisse zeigen, daß gemeinsame Merkmale der Areale im Temporallappen vorhanden sind, die jedoch noch in anderen als von Economo aufgezählten Charakteristika bestehen.

Aus dem oben Ausgeführten ist wohl verständlich, daß dem Zellaufbau

der Regio supratemporalis

die größte Aufmerksamkeit zugewendet wurde. Dieses Gebiet nimmt die ganze erste Temporalwindung und zwar die ganze dorsale (Heschlsche Querwindung) und die laterale konvexe Fläche ein. Am kompliziertesten ist der Zellaufbau in den Querwindungen des Menschen, welcher in seinen wichtigsten und charakteristischen Arealen bei Tieren mit Querwindung — diese kommt, wie erwähnt, nur bei den am höchststehenden Säugern vor — nicht anzutreffen ist. Schon Brodmann hat das Feld 41 (siehe Abb. 8a) Area temporalis transversa interna und Feld 42 Area temporalis transversa externa auf der Querwindung unterschieden und das Areal 52, Area parainsularis, nur als Übergangsgebiet zur Inselformation angesehen.

Die laterale konvexe Fläche der Regio supratemporalis ist verhältnismäßig einheitlich aufgebaut und entspricht dem Brodmannschen Feld 22, das Economo in Felder TA und TA_2 untergeteilt hat. Aus der Bezeichnung ist jedoch schon zu ersehen, daß die Unterschiede im Zellaufbau nur geringer Art sind. Die Gesamtoberfläche der Regio supratemporalis wird von Economo mit 40 qcm eingeschätzt, und von diesen kommen auf die Querwindungen nach meinen

Schätzungen ohne Berücksichtigung der außergewöhnlichen Variationen 10 bis 20 qcm, also fast die Hälfte.

Meine cytoarchitektonischen Untersuchungen werden zeigen, daß die areale Felderung vor allem in dem Querwindungsgebiete noch vielfältiger ist, als bisher von BRODMANN und ECONOMO mitgeteilt wurde. Das ist damit zu erklären, daß die bisher vorliegenden Untersuchungen nur mit der NISSL-Methode ausgeführt wurden, während ich[1] eine neue, von mir angegebene Imprägnationsmethode bei diesen Studien in Anwendung brachte, welche uns ein besseres Bild von den Ganglienzellfortsätzen und ihrer Ausbreitung liefert. Dadurch erhalten wir eine charakteristische Darstellung des Zellaufbaues, und es werden Feinheiten im Unterschied aufgedeckt, welche sich bisher dem bewaffneten Auge entzogen.

In der Ausführung der Befunde möchte ich mich an ECONOMO halten und mit dem konvexen Teil der Supratemporalregion beginnen, welcher von BRODMANN als Feld 22, von ECONOMO als TA mit der Unterteilung TA_1 und TA_2 geführt werden.

Area temporalis superior (Abb. 3).

Schon auf den ersten Blick fällt auf, daß diese Imprägnationsmethode ein ganz anderes Bild der Architektonik entwirft als die NISSL-Methode. Die Verkörnelung (Corniocortex) dieses Gebietes, welche ECONOMO als charakteristisch für jedes sensorische Gebiet hält, ist gar nicht so in besonderem Maße auffallend. Im Gegenteil zeigt die Abbildung sogar, daß die II. Schicht, die äußere Körnerschicht, verhältnismäßig wenig wirkliche Körnerzellen enthält, sondern, daß auch hier der Typus der kleinen Pyramidenzellen vorherrscht. Der Übergang in die III. Schicht ist ziemlich fließend. Diese nimmt am Zellaufbau den größten Anteil und läßt sich kaum so unterteilen wie im NISSL-Präparat. Dies ist darauf zurückzuführen, daß die Hauptdendriten in den tieferen Lagen der Schicht immer länger werden und somit zum Bilde der Geschlossenheit führen. Die Pyramidenzellen erreichen hier die größte Gestalt, ohne daß jedoch die Fortsätze, besonders die Hauptfortsätze, die größte Ausdehnung erlangten. Die Abgrenzung gegen die IV. Schicht ist verhältnismäßig gut und die radiäre Streifung dieser beiden Schichten erkennbar, wenn auch nicht so charakteristisch, wie es ECONOMO im NISSL-Bild beschrieb. Die IV. Schicht kann als ausgesprochene Körnerschicht angesehen werden, welche allerdings auch von Pyramidenzellen verschiedener Größe vereinzelt durchsetzt wird. Sie ist verhältnismäßig schmal, zellreich und zu senkrechten Zellsäulchen geordnet, wie sie ECONOMO beschrieb. In sie hinein ragen die Hauptdendriten der Ganglienzellen der V. Schicht, welche stellenweise einen langen fädigen Auszug bis weit in die III. Schicht hinein erkennen lassen. Sie ist zellarm, könnte in eine Unterschicht (V b) untergeteilt werden, in welcher die Pyramidenzellen wieder kleiner werden. Im Gegensatz dazu ist die oberste Lage der VI. Schicht wieder zellreich, es überwiegen die Spindelzellen, aber es sind auch dreieckige, sogar pyramidenförmige Zellen stark vertreten. Jede dieser Zelltypen kann lange Fortsätze in die nächste und übernächste Schicht hineinsenden. Die zweite Lage der Schicht (VI b) ist zellarm und hinsichtlich der Ganglienzellen ebenso

---

[1] DE CRINIS, M.: Eine neue Silberimprägnationsmethode zur Darstellung der Ganglienzellen. J. Psychol. u. Neur. 45, 291 (1933).

vielgestaltig wie VIa. Nur die zu tiefst liegenden Zellen haben meist Spindel-
gestalt, ihre Fortsätze nehmen mit der tiefen Lagerung an Länge ab.

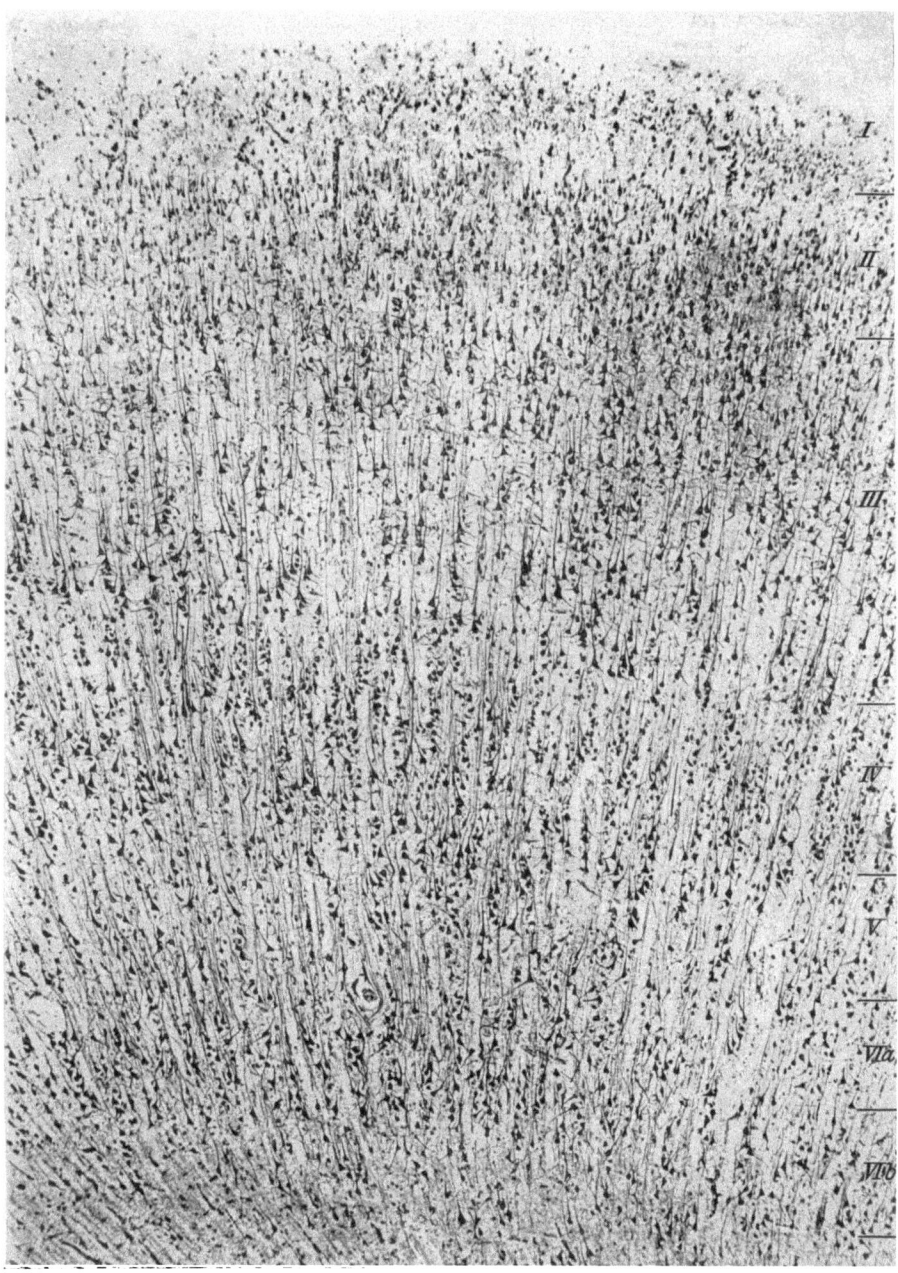

Abb. 3. Area temporalis superior ECONOMO TA, BRODMANN Feld 22. Vergr. 60mal.

Besonders in der IV. Schicht, aber, wie ich mich jetzt überzeugen konnte,
auch in der VI. Schicht kommen in diesem Areale eigenartige Zellen mit einer

Höhe von 6—7 μ und einer Breite von 12—14 μ vor, deren zarte Fortsätze, meist nur aus zwei, horizontal gerichtet sind. Sie liegen in anderen Zellhaufen verstreut und meist vereinzelt, und ich habe darauf hingewiesen, daß diese Zellen mit der von Cajal (7) beschriebenen „akustischen Zelle" übereinstimmen dürften. Diese ist in der Hörrinde anzutreffen und in anderen Arealen der Hirnoberfläche im allgemeinen wohl nicht zu finden. Ob die Bezeichnung „Hörzelle" oder „akustische Zelle" eine physiologische Berechtigung hat, ist wohl noch fraglich, worauf weiter unten noch eingegangen werden wird. Jedenfalls zeichnet die Anwesenheit dieser Zelle die Hörrinde, wie ich noch zeigen werde, aus. Meine (8) an anderer Stelle gemachte Mitteilung, daß sie nur in der IV. Schicht anzutreffen sei, muß hiermit auch auf die VI. Schicht erweitert werden.

Das frontal gelegene Gebiet dieses Areals ist etwas anders gebaut als das caudal gelegene. Economo hat daher eine Unterteilung in TA_1 und TA_2 vorgenommen, wobei TA_1 den caudalen, TA_2 den frontalen Teil bezeichnen soll und die Wernickesche Stelle darstellt. Die obenstehende Abb. 3 entspricht diesem Gebiete. Die Unterschiede von TA_1 und TA_2 sind nach meinen Erfahrungen nur gering, liegen, wie Economo schon ausgeführt hat, in der geringeren Streifung in TA_2 und in der Orgelpfeifenbildung in TA_1. Da ich diese Unterschiede nicht so markant finde, will ich darauf nicht näher eingehen.

Die Querwindung

liegt auf der dorsalen Fläche der Supratemporalregion und läßt, wie bereits erwähnt, mehrere Areale unterscheiden. Während nach Brodmann die beiden Felder 41 und 42 sich über das Querwindungsgebiet ausbreiten, sind nach Economo die Area supratemporalis simplex (TB), granulosa (TC) und intercalata (TD) voneinander zu trennen. Meine Untersuchungsergebnisse mit der neuen Imprägnationsmethode konnten diese Areale bestätigen, zeigten jedoch, daß der Zellaufbau noch komplizierter ist, insoferne noch mehr Areale nachzuweisen sind.

Ich möchte zunächst die

Area supratemporalis simplex magnocellularis (TB) (Abb. 4)

beschreiben, welche den größten Anteil am Zellaufbau der Querwindung nimmt und auf allen Heschlschen Querwindungen, falls mehrere vorhanden sind, anzutreffen ist. Schon bei oberflächlicher Betrachtung kann man feststellen, daß dieses Gebiet zellreicher ist als TA. Besonders die II. Schicht ist zellreicher und besteht aus kleinen Pyramidenzellen und sehr selten aus Körnerzellen. Die Abgrenzung gegen die erste zellarme Schicht ist nach meinen Bildern nicht so ausgefranzt, wie Economo es für charakteristisch hält. Die Zellsäulchen aus den tiefer gelegenen Schichten reichen bis an sie heran, nehmen aber auf sie keinen gestaltenden Einfluß. Die III. Schicht ist verhältnismäßig zellarm, trotzdem jedoch etwas zellreicher als die des Areales TA. Die Bildung von Zellsäulchen ist nachzuweisen, daneben kommt es aber auch zur Anhäufung von Zellen mit Pyramidenzellen verschiedener Größe. Eine Unterteilung nach der Größe der Pyramidenzellen ist möglich, bietet jedoch nach meiner Darstellungsmethode Schwierigkeiten. Die Zellfortsätze, besonders die Hauptdendriten, sind nicht so lang und erscheinen auch nicht so ausgezogen wie beim Areal TA. Darauf dürfte zurückzuführen sein, daß die Pyramidenzellen hier nicht wesentlich größer erscheinen als in TA und die Bezeichnung Magnocellularis ist daher nicht ganz sinngemäß.

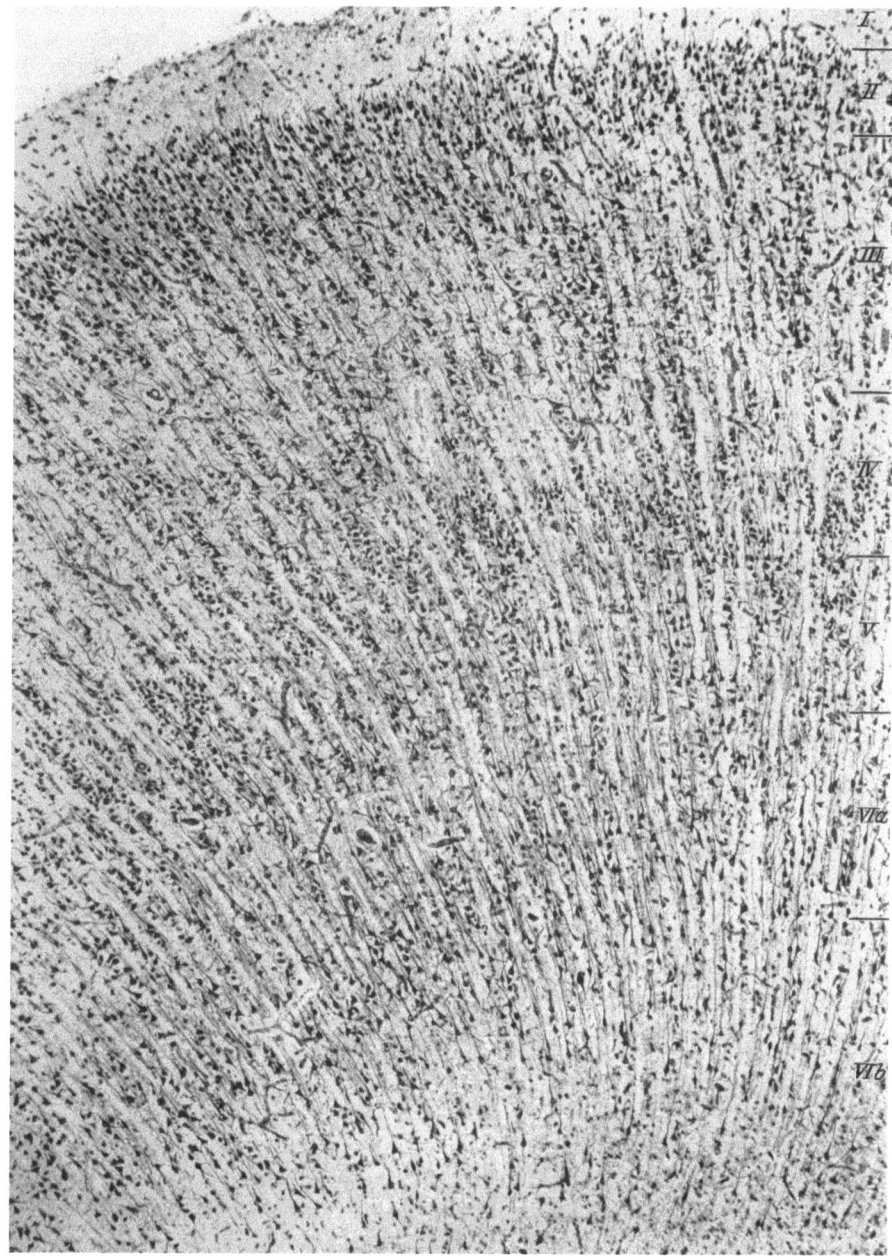

Abb. 4. Area supratemporalis simplex magnocellularis ECONOMO TB, BRODMANN 42. Vergr. 60mal.

Die IV. Schicht ist nach oben und unten hin unscharf abgegrenzt, ausgefranzt, jedoch breiter als in TA. Die Zelldichtigkeit ist keine gleichmäßige, sondern es kommt zu Zellanhäufungen, die als einfache Zellhaufen oder als Zellsäulchen auffallen, welch letztere von der VI. Schicht an bis an die II. hinauf verfolgen lassen.

Die V. Schicht ist zellarm, schmal, und die Pyramidenzellen, welche nicht die Größe der III. Schicht erreichen, haben keine übermäßig langen Fortsätze.

Die VI. Schicht ist sowohl durch ihre Zelldichtigkeit als auch durch die Zellen selbst in zwei Unterschichten zu zerlegen. Die obere zellreiche hat außer Spindelzellen dreieckige Zellen, die oft Pyramidengestalt aufweisen, die untere besteht vornehmlich aus Spindelzellen und ist zellarm. Die Fortsätze dieser Zellen haben jedoch einen langen Hauptdendrit, der oft bis an die III. Schicht heranreicht. Die in TA gefundene eigenartige Zelle mit den horizontal gelagerten zwei Fortsätzen, welche wir als CAJALsche Hörzelle angesprochen haben, ist hier wieder besonders in der IV. Schicht, seltener in der VIa vorzufinden.

Die
Area supratemporalis granulosa (TC)

hat nach ECONOMO den Typus der Staubrinde (Koniocortex) und ist von den anderen Arealen leicht zu unterscheiden. Es herrscht hier der kleine Zelltypus besonders als Körnerzellen, aber auch als Pyramiden- und Spindelzellen vor. Er gibt der Rinde das eigenartige Gepräge. Die etwas zellreichere I. Schicht ist unregelmäßig von der II. getrennt (ausgefranst). Die II. Schicht breit, auch gegen die III. Schicht hin nicht scharf abgegrenzt, ist zellreich und besteht aus Körner- und kleinen Pyramidenzellen. In der III. Schicht werden die Pyramidenzellen etwas größer, sind jedoch zu Zellhaufen und häufig zu Zellnestern vereinigt und mit Körnerzellen durchsetzt. In diesen Zellnestern, die in einzelnen Gebieten dem Areal ein besonderes Aussehen verleihen, da durch sie die radiäre Streifung aufgehoben erscheint und der Aufbautypus der Zellsäulchen in den Hintergrund tritt, ist die in den anderen Arealen beschriebene CAJALsche Hörzelle besonders stark vertreten. Dies ist in auffallender Weise an der Grenze von III. und IV. Schicht der Fall, und es ist oft schwer zu sagen, welcher Schicht man diese Gebilde zurechnen soll (Abb. 5).

Durch diese eigentümliche Zellgruppierung könnte man die III. Schicht in zwei Unterschichten zerlegen, was ich jedoch vermeiden möchte, da ich diese Zellgruppen lieber in die IV. Schicht rechnen möchte.

Die IV. Schicht ist verhältnismäßig breit, zelldicht und hat außer Körnerzellen, in welchen ebenfalls die CAJALschen Zellen auftauchen, auch kleine Pyramidenzellen.

Die im Verhältnis zellarm erscheinende V. Schicht hat neben kleinen Pyramidenzellen ebenfalls Körnerzellen. Einer ganz besonderen Ausführung bedarf die VI. Schicht. Diese ist nicht nur relativ, sondern auch absolut im Supratemporalgebiete hier am breitesten entwickelt, läßt leicht eine zellreiche obere (VIa) und eine zellärmere gegen das Mark hin unscharf abgegrenzte Schicht VIb unterscheiden. Beide Unterschichten bestehen vornehmlich aus Spindel- und Pyramidenzellen, welche zum Teil in Säulchenform geordnet lagern. Die Hauptdendriten sind langfädig entwickelt und reichen weit in die V. Schicht hinein.

Einen bemerkenswerten Befund in diesem Areal möchte ich anführen, den ich wiederholt angetroffen habe. Die Pyramidenzellen sind in dieser Schicht oft auf den Kopf gestellt, so daß der Hauptdendrit in das Marklager hineinragt

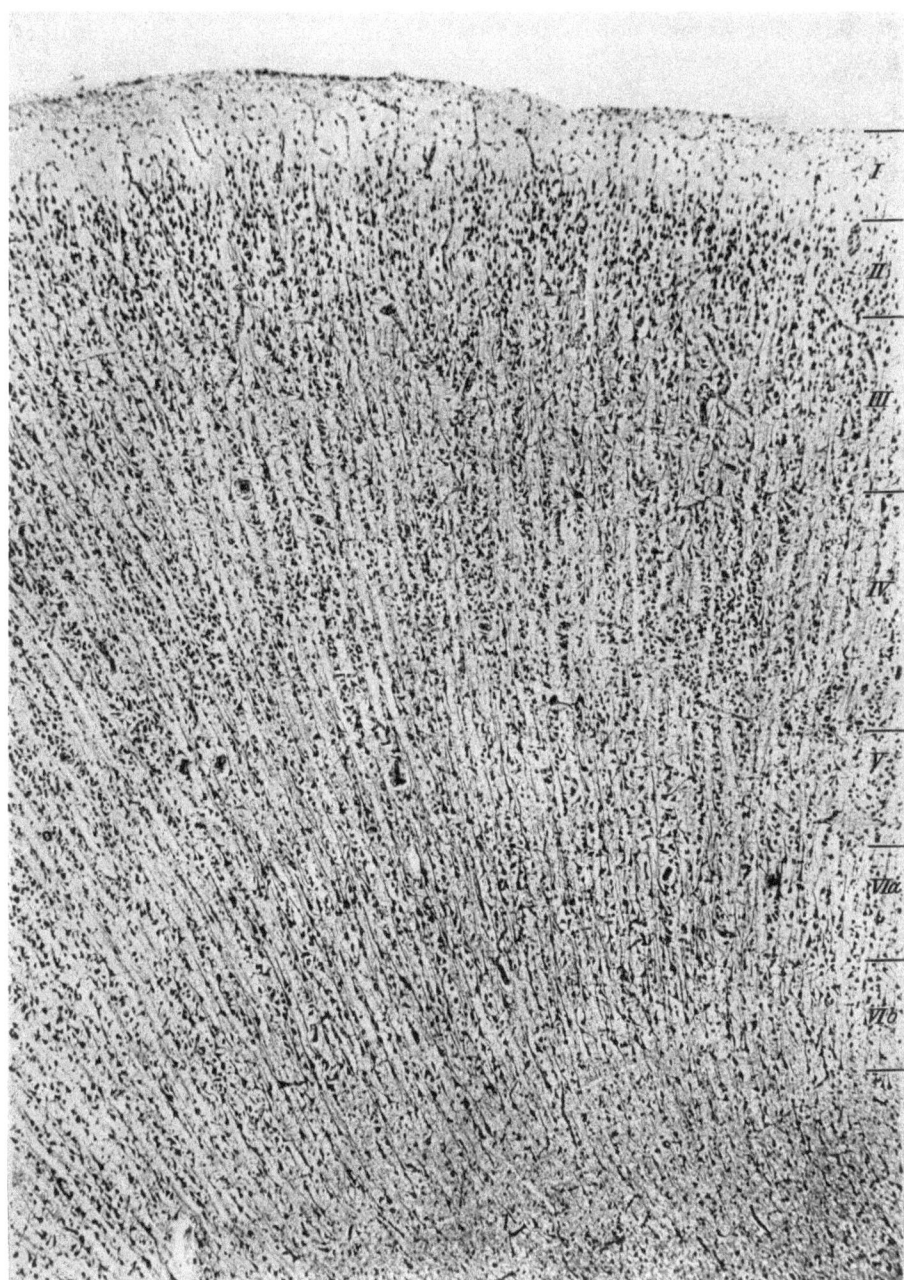

Abb. 5. Area supratemporalis granulosa Economo TC, Brodmann 41. Vergr. 60mal.

und der Achsenzylinder in entgegengesetzter Richtung der Rinde zu steht. Diese gelagerten Pyramidenzellen sind neben normal stehenden zu finden und verleihen somit dieser Schicht ein eigenartiges Aussehen (Abb. 6).

Dieses Areal ist ebenso wie das vorher besprochene nicht immer an denselben Stellen der Querwindung anzutreffen, sondern es ist unregelmäßig an der Oberfläche an der Kuppe verteilt, und zwar so, daß es inselartig nachzuweisen ist.

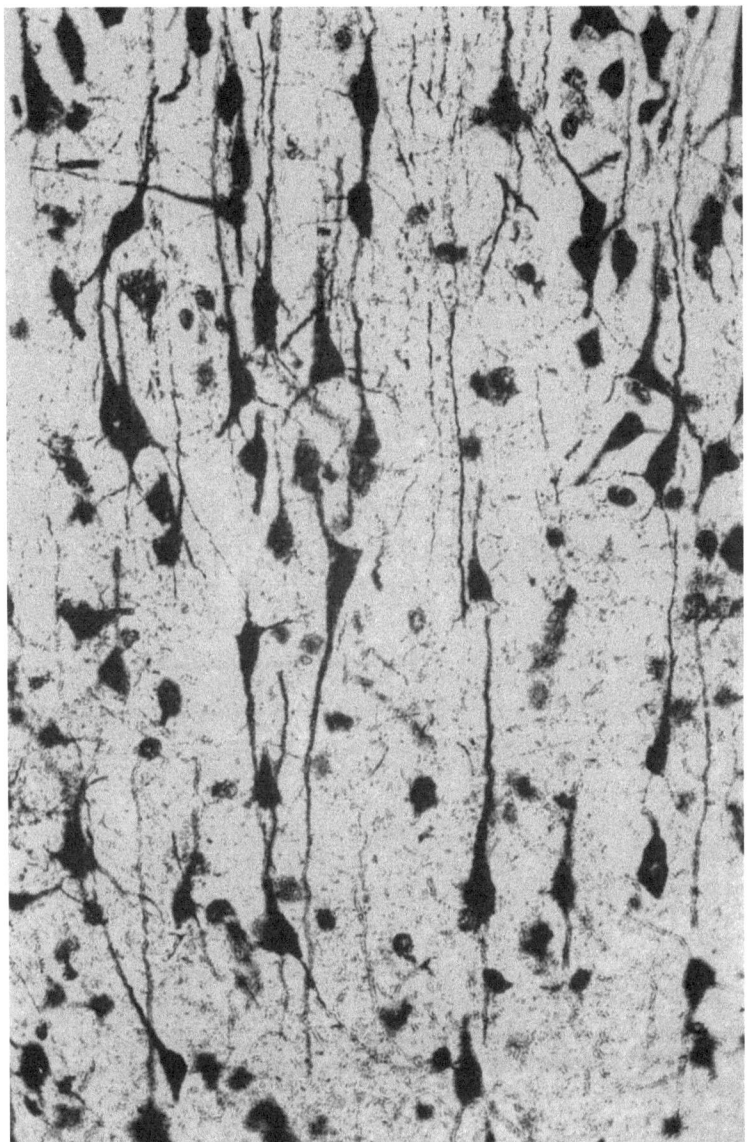

Abb. 6. VI. Schicht der Area supratemporalis granulosa. Vergr. 500mal.

Die
Area supratemporalis intercalata TD nach ECONOMO
ist ganz proximal in der Querwindung gelegen und hat als Areal von den besprochenen nach meinen Untersuchungsergebnissen die geringste Ausbreitung. Der radiäre Aufbautypus der Temporalregion ist in den unteren Schichten

erhalten, von der III. an jedoch nicht mehr erkennbar. Der Befund ECONOMOs, daß die Zellen dieses Gebietes im allgemeinen auffallend regellos lagern, ist zu bestätigen, wenngleich mit meiner Methode die Schichten doch noch deutlich voneinander zu trennen sind. Einer zellarmen breiten I. Schicht folgt eine schmale, zelldichte II., aus kleinsten Pyramiden- und gewöhnlichen Körnerzellen bestehend. Die breite III. Schicht hat unregelmäßig an Größe zunehmende Pyramidenzellen, die an der unscharfen Grenze gegen die IV. die Größe von TA und TB erreichen. Die breite IV. Schicht ist im Verhältnis von allen bisher besprochenen Arealen zellarm, und einzeln sind in ihr oft Pyramidenzellen von der Größe der III. Schicht verstreut (Abb. 7).

Die V. Schicht ist schmal nach beiden Seiten unscharf abgegrenzt, zellarm und hat nur kleine Pyramidenzellen.

Die VI. Schicht läßt sich wieder in zwei Unterschichten gliedern, die obere ist zellreicher aus Pyramiden- und Spindelzellen bestehend, die untere, zellärmer, gegen das Mark hin gut abgegrenzt, ist vornehmlich durch Spindelzellen ausgezeichnet. Die Zellen der IV., V., besonders aber der IV. oberen Schicht haben lang ausgezogene Fortsätze, während die der anderen Schichten geringe Fortsatzentwicklung aufweisen. Die CAJALsche Hörzelle ist in der IV., aber auch an den Grenzlagen von III. und V. Schicht zu finden, während sie in der VI. nicht nachzuweisen ist.

Mit der Beschreibung dieser Areale ist jedoch der Zellaufbau des Querrindengebietes nicht erschöpft, sondern wir müssen berücksichtigen, daß hier die Trennung der Areale nicht so scharf gelingt wie in anderen Gebieten und daher Übergangsareale vorliegen. Aber, wie gleich gezeigt werden soll, es ändert sich das cytoarchitektonische Bild auch wesentlich in den Wänden der Windung und besonders im Furchenboden.

Wohl hat auch ECONOMO (9) im Gebiet der Querwindungen 19—20 Subareae unterscheiden zu können geglaubt. Er versteht als Subareae nur solche, welche sich in jedem Gehirne, unabhängig von den zahlreichen individuellen endogenen bedingten Schwankungen, wiederfinden lassen. Mit dieser Feststellung ist die Supratemporalfläche durch die areale Gliederung zu den kompliziertesten Hirngebieten zu zählen. ECONOMO schränkt seine Beobachtung allerdings ein, wenn er sagt, daß einzelne Subareae, welche voneinander entfernt sind und in keinem Zusammenhang stehen, einen sehr ähnlichen, kaum voneinander zu unterscheidenden Zellaufbau aufweisen. Trotz dieser Einschränkung glaubt ECONOMO doch, ungefähr 11 Typen der Rindenbildung auf der HESCHL-Windung allein feststellen zu können, welche ausschließlich in TD und TC zu finden sind. Es handelt sich dabei um Änderungen im Grade der Verkörnelung, in der Zellanordnung, Streifung, im Vorkommen größerer Zellen neben kleineren (besonders in IIIc) und um Änderung der Schichten, besonders ihrer Breite und Zelldichte. Schließlich gibt er auch individuelle Variationen zu und faßt seine Ergebnisse zusammen, indem er sagt: „Zu Recht besteht die Einteilung der Rindenoberfläche der HESCHLschen Windung in die Areae TC, TD und die weitere Einteilung dieser in vollkommen verkörnelte Partien TC_1, TD_1 und in unvollkommen oder in verkörnelte Partien TC_2, TD_1." In der weiteren Ausführung sagt er später: „Der in die Augen fallende Unterschied betrifft den Grad und die Verteilung der vollkommenen Verkörnelung, die von einem Falle zum anderen schwankt. Doch lassen sich durch alle individuellen Schwankungen hindurch gewisse konstante Momente in der Verteilung und Lagerung von TC_1 und TC_2 (Mittelplaques Seitenstreifen usw.) finden." Daraus ist wohl zu entnehmen, daß ECONOMO die Unterteilungen der Areale mit dem Maße der Verkörnelung versucht und den Zellaufbau der Subareale auf die Grundtypen zurückführt, aber auch die Möglichkeit individueller Schwankungen zugibt.

Auf dem nebenstehenden Schema (Abb. 8a) habe ich die Areale nach ECONOMO (TA, TB, TC, TD, TG, TE) und nach BRODMANN (20, 21, 22, 37, 38, 41, 42, 52) nebeneinander

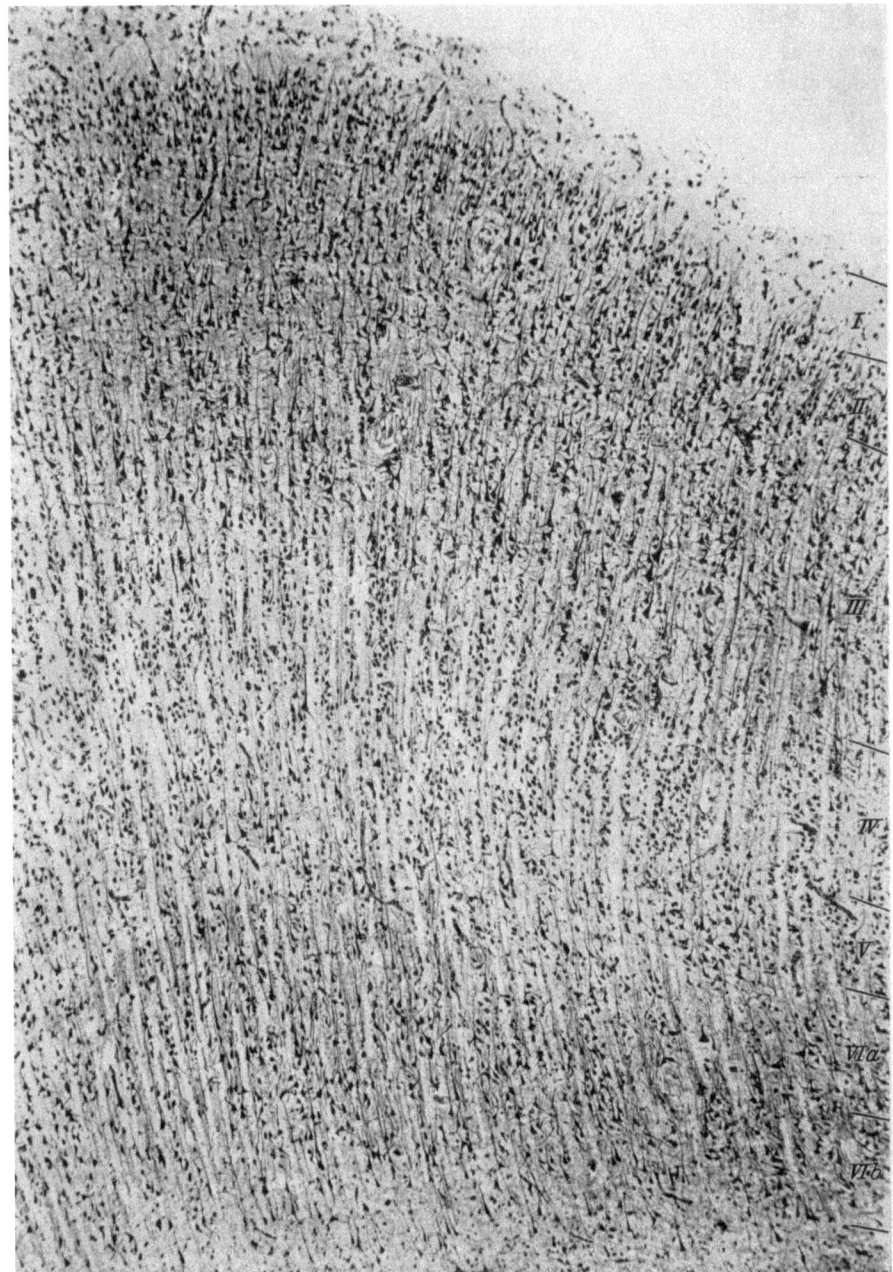

Abb. 7. Area supratemporalis intercalata ECONOMO TD, BRODMANN 52. Vergr. 60mal.

eingetragen, ohne auf die „Subareale" nach ECONOMO eingehen zu können, die er schematisch meines Wissens nicht dargestellt hat.

ECONOMO (6) hat im allgemeinen besonders nachdrücklich auf die Unterschiede der Rindendicke und der einzelnen Schichten zwischen Kuppe, Wand und Tal der einzelnen Windungen hingewiesen. Sein aufgestelltes Schema zeigt, daß an der Dickenabnahme der Rinde nicht alle Schichten gleich beteiligt sind, sondern daß sogar einzelne zunehmen; dies sind die I. und II. Schicht. Die II., zum Teil auch die IV., deutlich die V., besonders aber die VI. Schicht nehmen im Tal ab. Daraus ist schon zu erwarten, daß das cytoarchitektonische

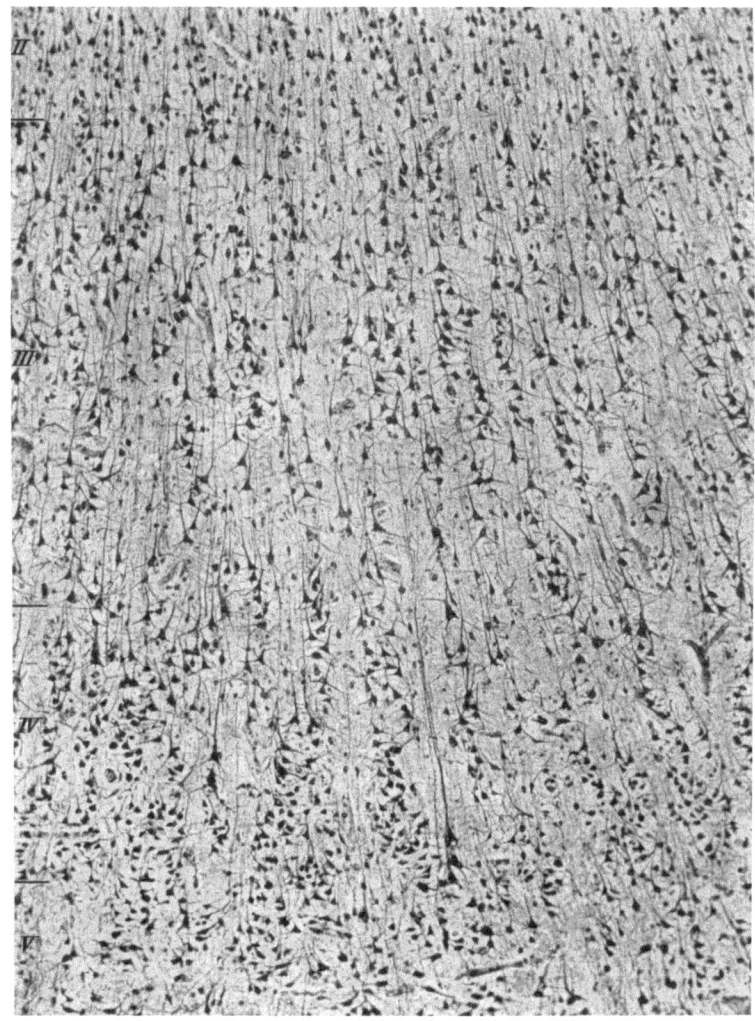

Abb. 8. Furchenboden ($TB_{\gamma'}$). Vergr. 100mal.

Bild eine wesentliche Abänderung erfährt, worauf im allgemeinen, besonders aber bei Untersuchung der Temporalregion, bisher zu wenig Augenmerk gerichtet wurde.

Der im Windungstal anzutreffende Zellaufbau ist ganz anders als die bisher besprochenen Typen TA, TB, TC, TD. Caudal von der Querwindung ist meistens eine Furche (HESCHLsche Furche) vorhanden, welche die erste Querwindung von der zweiten trennt. Die Cytoarchitektonik des Furchenbodens (Windungstal) ist im Verlaufe der ganzen Furche der Querwindung nur geringen Änderungen unterworfen. Die allgemeinen Verhältnisse über die Veränderung der Schichten-

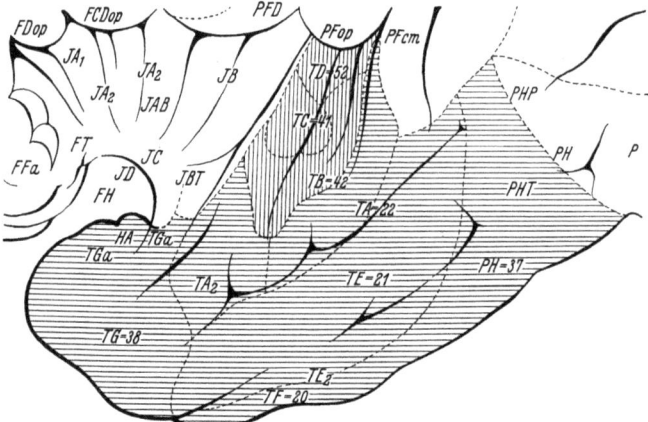

Abb. 8a. Schema des linken Temporallappens, in welches die Areale nach ECONOMO und BRODMANN nebeneinander eingetragen sind. Die Querwindung ist senkrecht schraffiert, der übrige Temporallappen horizontal.

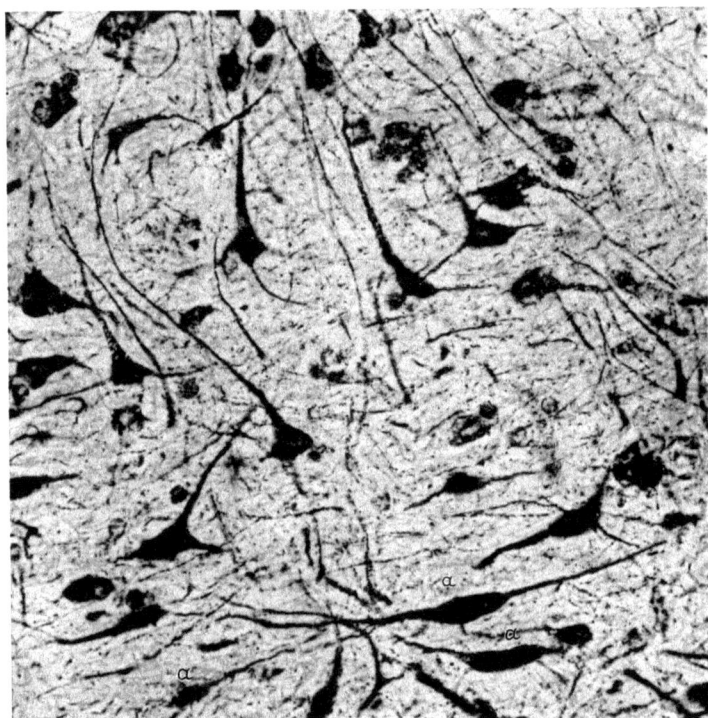

Abb. 9. VI. Schicht des Furchenbodens. *a* „akustische", CAJALsche Zelle. Vergr. 400mal.

dicke bestätigen das Schema ECONOMOS: Zunahme der I. und II. Schicht, Abnahme der IV., V. und besonders der VI. Schicht. Im Gegensatze zu ECONOMO finde ich die III. Schicht nicht schmäler, sondern zumindesten gleichbleibend. Besonders die II. und IV. Schicht werden etwas zellärmer, die Körnerzellen treten an Häufigkeit auch etwas zurück (Abb. 8).

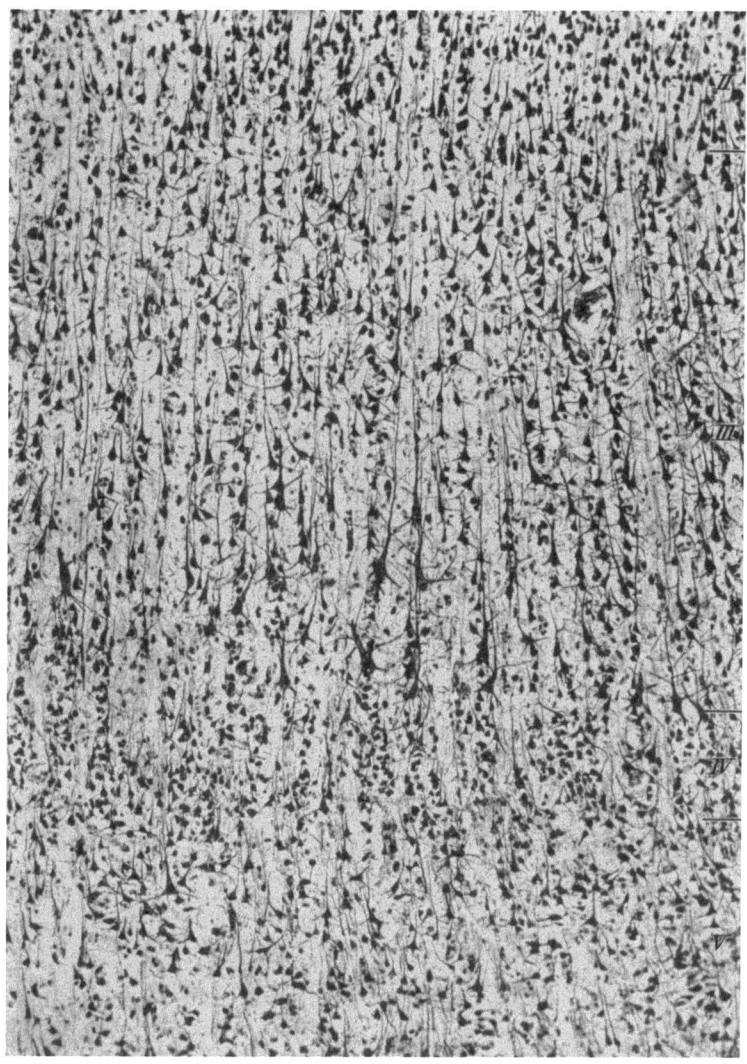

Abb. 10. Furchenwandtypus (TB$_\beta$). Vergr. 100mal.

Bemerkenswert sind die verhältnismäßig großen Pyramidenzellen in der III. Schicht an der unteren Grenze, die eine Größe von 50—80 μ erreichen können. Ganz vereinzelt kommen in diesem Gebiete auch in der V. Schicht Pyramidenzellen dieser Größe vor. Sonst ist die V. Schicht zellarm und äußerst schmal. In der VI. Schicht sind die Spindelzellen nicht so häufig wie in den anderen Temporalregionen, dafür kommen in der verhältnismäßig armen Schicht VIa und VIb Pyramiden-Dreieckszellen und, häufiger als in dem bisher besprochenen Areal im Grenzgebiet von V und VI die sog. akustische Zelle CAJALS vor, welche aber auch in der IV. Schicht zu finden ist (Abb. 9).

Auffallend ist an dem Imprägnationspräparat, daß die Hauptdendriten der Pyramidenzellen besonders in der III. und V. Schicht stark entwickelt sind, während sie in der VI. sich nur als kurze Gebilde darstellen lassen.

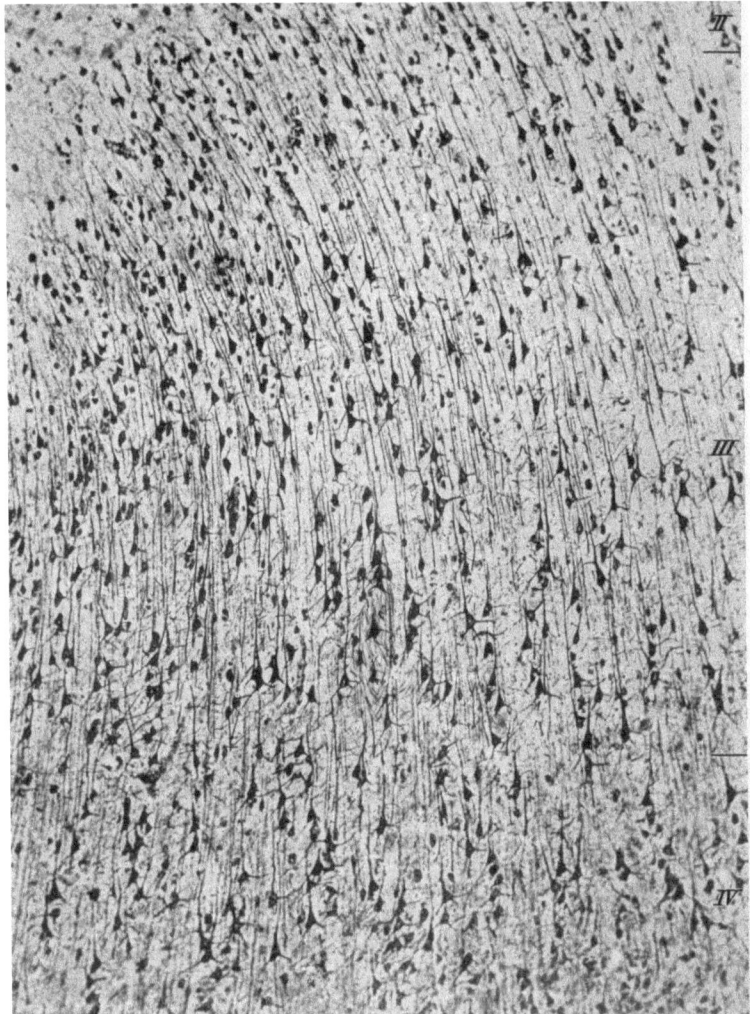

Abb. 11. Furchenbodentypus (TB$_\delta$). Übergangszone caudale Abgrenzung. Vergr. 100mal.

Dieser Zellaufbautypus, welche den Boden der HESCHLschen Furche auszeichnet (Furchenbodentypus), ist nur hier und in den hinter den eventuell vorhandenen weiteren Querwindungen liegenden Furchen (hintere HESCHLsche Furchen) vorherrschend. In diesen öfter entwickelten Furchenbodenformationen ist auch die CAJALsche Zelle deutlich und vermehrt nachzuweisen. Ich möchte bei dieser Gelegenheit bemerken, daß die Furchenbodenformationen in anderen Rindengebieten z. B. Parietal- und Stirnhirn, eine gewisse Ähnlichkeit aufweisen.

Aber auch in den *Seitenwänden der Furchen*, besonders nahe dem Übergang in das Windungstal, sind Areale festzustellen, welche weder den besprochenen TA, TB, TC, TD noch dem Furchenbodenareal gleich sind, sondern einen eigenen Aufbautypus erkennen lassen. Wie die Abb. 10 zeigt, kann dieses Areal keinen der bisher besprochenen Typen eingegliedert werden.

Die II. und IV. Schicht ist schmal, in ersterer sind nur wenig Körnerzellen, in letzterer ist eine unregelmäßige Gruppierung der Körnerzellen auffallend. Zum Teil liegen sie ungeordnet, zum Teil in Zellhaufen und nur zum geringen Teil in Zellsäulchen. Die III. Schicht ist am mächtigsten entwickelt, und die an Größe nach unten hin gleichmäßig zunehmenden Pyramidenzellen lagern regelmäßig und ausgerichtet, gut abgegrenzt von der IV. Schicht, auf dieser. Ihre Hauptdendriten sind stark entwickelt, aber nicht entsprechend ausgezogen. Dieser architektonische Furchenwandtypus ist auf beiden Seiten der Furche vorhanden und zeichnet auch die Wände der eventuell noch entwickelten anderen Furchen des Querwindungsgebietes aus.

Die *caudale Abgrenzung des letzten Furchenbodens im Querwindungsgebiet* vollzieht sich in einer *Übergangszone*, welche ich als ein eigenes Areal auffassen möchte, und welches, wie die Abbildung zeigt, durch die langausgezogenen Spitzenfortsätze der Ganglienzellen besonders in der III. Schicht ausgezeichnet ist. Der Übergang von der fast körnerlosen II. in die III. Schicht ist fließend durch an Größe zunehmende Pyramidenzellen gegeben, die IV., V. und VI. Schicht unterscheiden sich nicht von dem Furchenbodentypus (Abb. 11).

Wie schon erwähnt, sind die Übergänge der einzelnen Areale, besonders auch der Windungskuppe im Querwindungsgebiet, nicht haarscharf. Es gibt Übergangsareale, vor allem an den Grenzen der Areale TB und TC, so daß es oft schwer ist, zu entscheiden, welchem Areal das vorgefundene zuzuordnen ist. Unter diesen Übergangsarealen möchte ich eines besonders hervorheben, das ich nur an der Windungskuppe zwischen den Inseln von TC und TB angetroffen habe, und welches durch die auffallende Bildung von „Zellnestern" an der Grenze von III und IV ausgezeichnet ist. In der Abb. 4 sieht man rechts den Übergang zu dieser Formation; die auffallend breiten Pyramidenzellen liegen unregelmäßig zu Nestern vereinigt und haben plumpe und kurze Hauptdendriten. In diesen Zellnestern liegen an der Grenze mit IV häufig „CAJAL-Zellen". Die übrigen Schichten sind gleich dem Areal TB. Ich möchte diese Übergangsformation im Sinne der ECONOMOschen Bezeichnung mit TB_α, die Furchenwandformation mit TB_β und die Furchengrundformation mit TB_γ bezeichnen, um damit zum Ausdrucke zu bringen, daß sie im Aufbautypus dem Areal TB am nächsten stehen. Dazu kommt noch die Furchenwandformation der caudalen Abgrenzung TB_δ.

Zeichnen wir uns die gefundenen Areale auf das Querwindungsgebiet eines bestimmten Falles ein, so erhalten wir eine schematische Darstellung des Zellaufbaues, welcher die Vielfältigkeit der Areale aufzeigt (Abb. 12). Besonders bemerkenswert ist, daß das Areal TD nur im Beginne der Querwindung am Boden der SYLVIschen Furche zu finden ist und sich hier auf beide Querwindungen ausbreitet. Das Areal TC ist vornehmlich auf der ersten Querwindung vertreten und hier besonders in den proximal gelegenen Gebieten und inselförmig auf der Kuppe verstreut. TB ist auf beiden Querwindungen vertreten, besonders aber in den caudal gelegenen Gebieten und außerdem mehr distal gelegen. Den Übergangstypus TB_α, durch Zellnester ausgezeichnet, findet man nur auf der Windungskuppe der ersten und besonders der zweiten Windung. Die übrigen Übergangsformationen TB_β, TB_γ sind in den Wänden bzw. im Boden der vorderen HESCHLschen Furche, während die Variation mit den lang ausgezogenen Hauptdendriten TB_δ in der Wand der hinteren HESCHLschen Furche vorzufinden ist.

Die angeführten Areale habe ich auch bei Serienstudien von noch zwei Querwindungen regelmäßig angetroffen. Die Verteilung der einzelnen Areale, besonders TB und TC, auf den Windungskuppen weist individuelle Abweichungen auf, welche jedoch in großen Zügen die grundsätzliche Übereinstimmung verrät.

Daraus ergibt sich somit, daß der Zellaufbau der HESCHLschen Querwindungen im Vergleich mit anderen Windungsgebieten komplizierte Verhältnisse hinsichtlich der arealen Gliederung zeigt.

In großen Zügen wird diese wohl in jedem einzelnen Falle wieder zu finden sein; Untersuchungen an der Hörrinde von musikalisch Begabten einerseits und von solchen mit angeborenen Hörstörungen andererseits werden vielleicht die Gesetzmäßigkeit der Ausbreitung der Areale im allgemeinen und in ihrer Stellung zueinander klären können.

Die

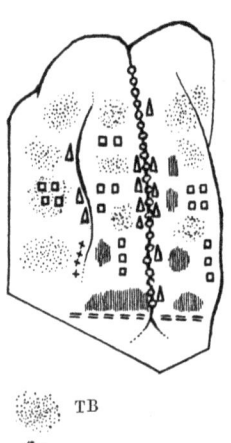

TB
TC
TD

△ große Zellen
△ Furchenwandtypus TB_β

□ □ Zellnester in III TB_α

✶✶✶ ausgezogene Pyramidenzellen, Furchenwandtypus TB_δ

⚬ Furchenbodentypus TB_γ

Abb. 12.
Cytoarchitektonik der rechten Querwindung.

Regio temporalis propria ECONOMO TE, BRODMANN 21

grenzt unmittelbar an die Supratemporalregion an der Konvexität des Schläfelappens in T_2 und T_3 an (Abb. 13). Sie hat eine gewisse Ähnlichkeit mit TA und ist wie diese besonders in der V. und VI. Schicht gut entwickelt. Die nach beiden Seiten unscharf begrenzte II. Schicht enthält mehr kleine Pyramiden-, verhältnismäßig wenig Körnerzellen. Die III. Schicht ist schmäler als bei TA und hat wie diese an Größe zunehmende Pyramidenzellen mit langen Hauptfortsätzen. Die in Zellsäulchen geordnete IV. Schicht ist relativ breit, ihre Körnerzellen reichen in die benachbarten Schichten hinein. Die V. zellreiche von Pyramidenzellen mit langen Hauptfortsätzen gebildete Schicht zeigt radiäre Anordnung der Zellen, ist unscharf nach oben und unten begrenzt. Die VI. besteht wieder aus einer zellreicheren oberen mit Spindel- und Pyramidenzellen ausgestatteten und einer zellärmeren, gegen das Mark hin unscharf begrenzte Lage, welche ebenfalls Spindel- und Pyramidenzellen in unregelmäßiger Verteilung enthält. Die Hauptfortsätze dieser Zellen sind auffallend lang und reichen oft weit in die IV. Schicht hinein.

Besonders charakteristisch für den Zellaufbau der Areale TE und TG sind die III., IV. und V. Schicht und die in diesen Schichten ausgebreiteten langen Fortsätze der Ganglienzellen der V. und VI. Schicht.

Die CAJALsche akustische Zelle ist in diesem Areal, wenn auch nicht so häufig, wie in den bisher besprochenen, in der IV. und VI. Schicht zu finden.

Zur erweiterten Hörrinde ist, wenn unsere Kenntnisse bisher auch noch nicht ganz gesichert waren, die

Area temporopolaris Economo TG, Brodmann 38

zu zählen (Abb. 14). Sie überzieht den Temporalpol nicht nur am lateralen, sondern auch am medialen Anteile fast vollkommen. Der Zellaufbau ist, wenn auch

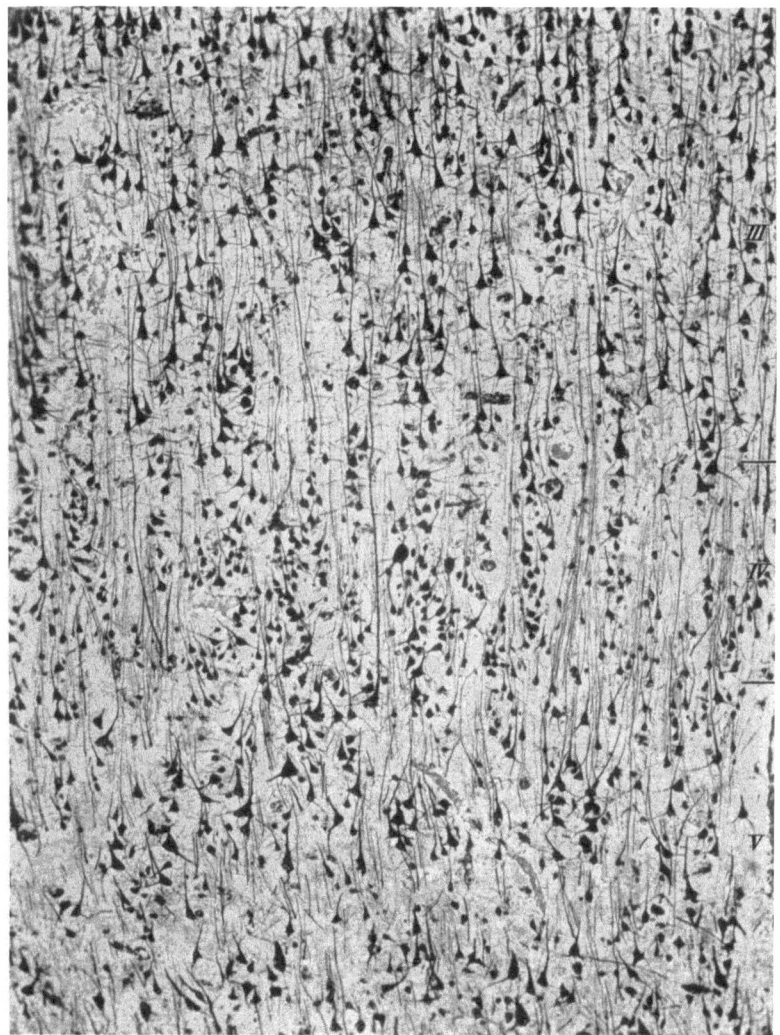

Abb. 13. Regio temporalis propria Economo TE, Brodmann 21. Vergr. 100mal.

deutlich verschieden, so doch verwandt dem Areale TA und TE. Die Feststellung Economos, daß die Zellen weniger fortsatzreich als sonst seien und dadurch gewissermaßen Tropfenform aufweisen, kann durch meine Darstellungsmethode nicht bestätigt werden. Im Gegenteil sind sogar die Zellfortsätze in allen Schichten mit Ausnahme von IV gut entwickelt. Der etwas breiten zellarmen

I. Schicht folgt eine schmale II., in welcher kleine Pyramidenzellen vorherrschen. Die breite III. Schicht ist wieder zellarm und scharf gegen IV abgegrenzt und hat Pyramidenzellen, welche nicht die Größe erreichen wie in TA und TE. In der IV. Schicht, welche etwas schmal und vielfach durch Gruppierung zu Zellhaufen unterbrochen erscheint, sind neben Körnerzellen vereinzelt kleine

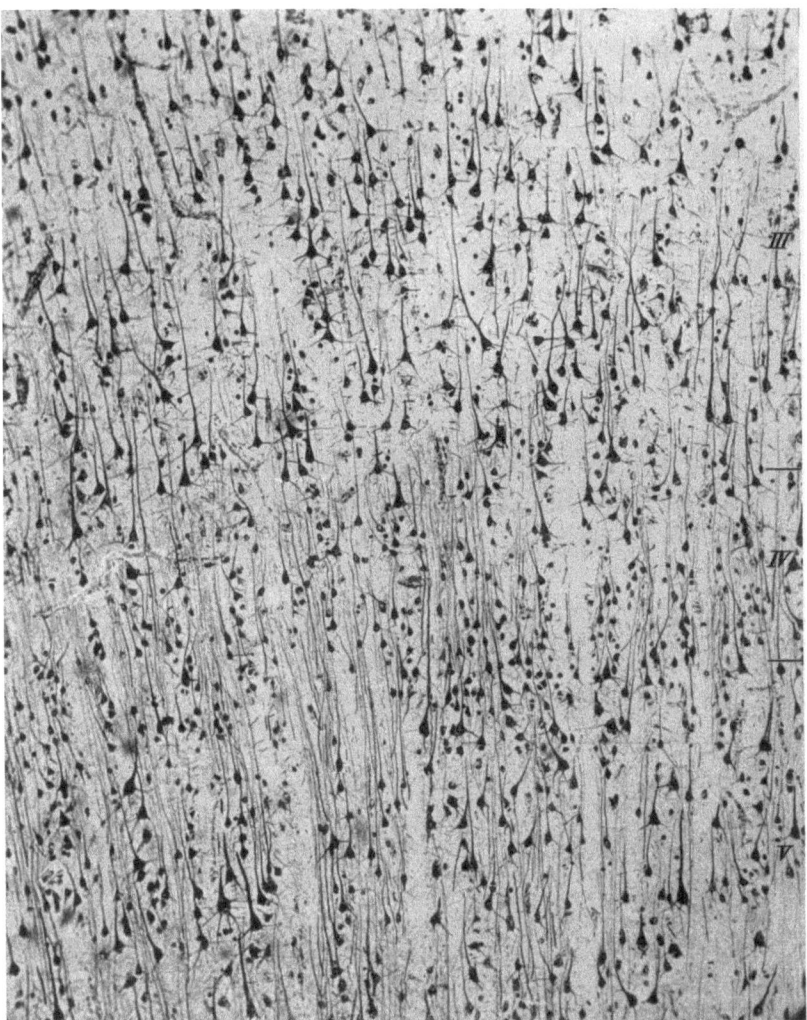

Abb. 14. Area temporopolaris ECONOMO TG, BRODMANN 38. Vergr. 100mal.

Pyramidenzellen zu finden. Sie ist gegen die V. hin unscharf abgegrenzt. In der V. Schicht lassen sich größere Pyramidenzellen als in III mit langen Hauptfortsätzen darstellen. Die VI. Schicht hat in der zellreicheren oberen Lage Pyramiden- und Spindelzellen mit auffallend langen Spitzenfortsätzen, welche oft bis in die IV hineinragen. Aber auch in der zellärmeren unteren Lage haben beide Arten von Zellen sehr lange Hauptdendriten. In der IV. Schicht an der Grenze mit der III. sowie auch vereinzelt in der VI. kommt die CAJALsche

Zelle vor. Im allgemeinen ist sie in den beiden Arealen TE und TG ein verhältnismäßig seltener Befund.

Die übrigen Areale des Temporallappens sind nach unseren physiologischen Kenntnissen nicht der Hörrinde zuzurechnen, und es erübrigt sich daher die Besprechung ihres Zellaufbaues.

Die Anatomie der Hörrinde soll im nachfolgenden noch durch die Myeloarchitektonik, welche, wie die Cytoarchitektonik, in diesem Gebiete einen vielfältigen Befund ergibt, kurz vervollständigt werden.

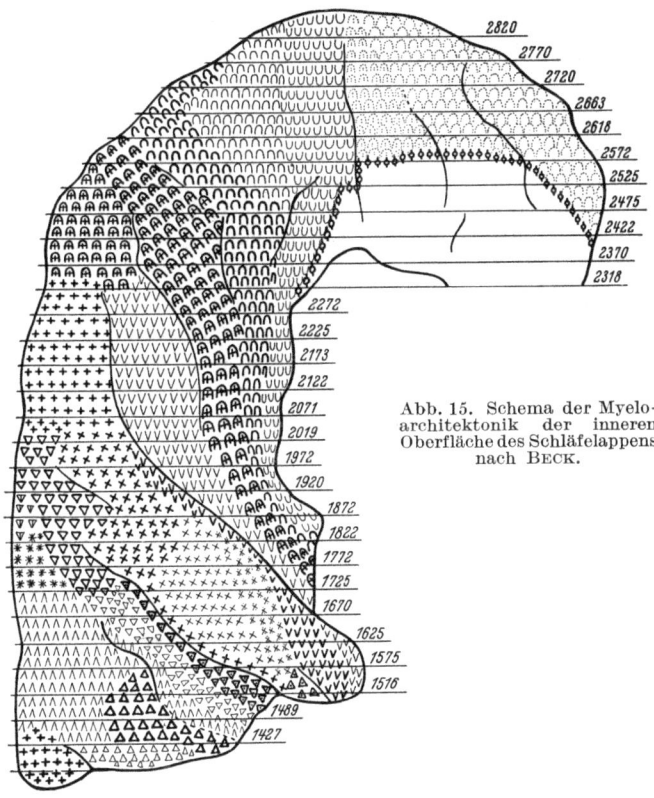

Abb. 15. Schema der Myeloarchitektonik der inneren Oberfläche des Schläfelappens nach BECK.

Die myeloarchitektonische Felderung

der Hörrinde ist besonders bemerkenswert im Querwindungsgebiet. O. VOGT und sein Schüler BECK haben durch umfangreiche Studien dieses Gebiet durchforscht. BECK (10) hat auf der dorsalen Seite des Schläfelappens 28 Felder unterschieden. Aus der beifolgenden Abbildung BECKs sehen wir die Vielfältigkeit der Felder auf der Querwindung selbst (Abb. 15).

Rechts oben liegt der Temporalpol, links unten laterocaudal liegen die Ausläufer des in die SYLVISchen Furchen gelegenen Teiles des Temporallappens (Querwindungsgebiet). Die mit dicken (fetten) Zeichen versehenen Felder sind markreich, die mit dünnen markarm.

Während wir im cytoarchitektonischen Aufbau der Hörrinde besonders im Querwindungsgebiet Übergangsareale feststellen konnten, weist BECK darauf hin, daß die scharfe Grenze zwischen den myeloarchitektonischen Feldern immer gegeben sei. Er konnte außerdem die Feststellung machen, daß individuelle Differenzen ihren Ausdruck lediglich im quantitativen Verhalten eines Zentrums fanden, nicht im qualitativen, d. h. also, daß Schwankung nur nach der Größe, nicht nach dem Bau der Felder hin zu beurteilen war.

Es würde zu weit führen, myeloarchitektonische Felder einzeln zu beschreiben und wiederzugeben, sondern es soll nur darauf noch kurz hingewiesen werden, daß eine gewisse Übereinstimmung mit den cytoarchitektonischen Feldern besteht, welche durch das Markscheidenpräparat noch in Unterfelder zerlegt werden. Nach Vergleich der Hirnkarten von BRODMANN, ECONOMO und BECK entsprechen die cytoarchitektonischen Areale BRODMANN 52, ECONOMO TD dem myeloarchitektonischen Areal $\vee$ nach BECK, BRODMANN 41, ECONOMO TC, dem BECKschen Feld ×, BRODMANN 42, ECONOMO TB wäre nach BECK in die zwei Fleder $\triangle \triangledown$ zu gliedern, BRODMANN 22, ECONOMO TA nach BECK in nicht weniger als 7 Felder, die sich innen, vorn und hinten um die eigentlichen Querwindungsfelder gruppieren (⊟ ⊞ + ▽ ▽ △ ∧).

Die Besprechung der Cytoarchitektonik und Myeloarchitektonik der Hörrinde wirft die Frage noch auf, ob das Einstrahlungsgebiet der Hirnbahn in die Querwindung durch bestimmte Felder ausgezeichnet sei.

Es ist das Verdienst FLECHSIGs, den Verlauf und den Einstrahlungsbezirk der Hörbahn durch seine Studien der Markreifung festgestellt zu haben. Er fand, daß der Hauptanteil der Fasern der Hörbahn in die inneren (medialen) zwei Drittel der ersten Querwindung einstrahlen, während nur ganz wenige Fasern weiter nach außen und zu den unteren Teilen der oberen Temporalwindung (T_1) und gar keine in die unteren Temporalwindungen (T_2, T_3) verlaufen.

PFEIFER hat durch eine gründliche myelogenetische anatomische Studie über das corticale Ende der Hörleitung ebenfalls gezeigt, daß die *vordere Querwindung* des Schläfelappens ein eigenes Projektionssystem besitzt, welches als Hörstrahlung anzusehen ist. Diese Hörstrahlung tritt in großem Bogen von vorne unten her in die Querwindung ein, und nur der allermedialste Abschnitt verläuft in der Markleiste längs der Querwindung. Der Faserverlauf in der Markleiste der Querwindung ist streng gesetzmäßig geordnet, und aus dem Beginn der Myelogenese ist zu schließen, daß der vordere Abhang der Querwindung ein Assoziationsfeld, die Gipfelhöhe und ein Teil des hinteren Abhanges das Projektionsfeld der Hörstrahlung und der hintere Abhang ein Balkenfeld darstelle.

Sind zwei Querwindungen vorhanden, so mündet die Hörleitung nach FLECHSIG in der Regel auf die vordere, gelegentlich aber auf beide, während nach PFEIFER eigentlich nur die erste Querwindung zum Einstrahlungsbezirk der Hörbahn gehört. Von allen Autoren wird die verhältnismäßig auffallend geringe Ausdehnung des Einstrahlungsgebietes „der Hörsphäre" hervorgehoben.

Aus unseren Untersuchungsergebnissen und aus dem Schema ist zu ersehen, daß auf der Windungshöhe kein einheitliches Areal sich vorfindet, wenngleich zu bemerken ist, daß die Areale TC und TD in den zwei hinteren Dritteln der Querwindung vorherrschen. Obwohl das Vorherrschen der Körner in TC im Vergleiche mit anderen Arealen mit sensorischen Leistungen dieses als ein sensorisches wahrscheinlich macht, wie dies ECONOMO betont, ist es doch nicht bewiesen, daß an der physiologischen Leistung des Hörens *nur ein Areal* beteiligt sei. Jedenfalls geht dies aus den cytoarchitektonischen und myelogenetischen Untersuchungsergebnissen nicht eindeutig hervor. Sicherstehend bleibt vorläufig nur der Befund, *daß das Einstrahlungsgebiet der Hörbahn keinen einheitlichen Zellaufbau erkennen läßt.*

Die anatomischen Studien der Hörwindung können hier nicht zum Abschluß gebracht werden, ohne daß die CAJALsche akustische Zelle einer Erörterung

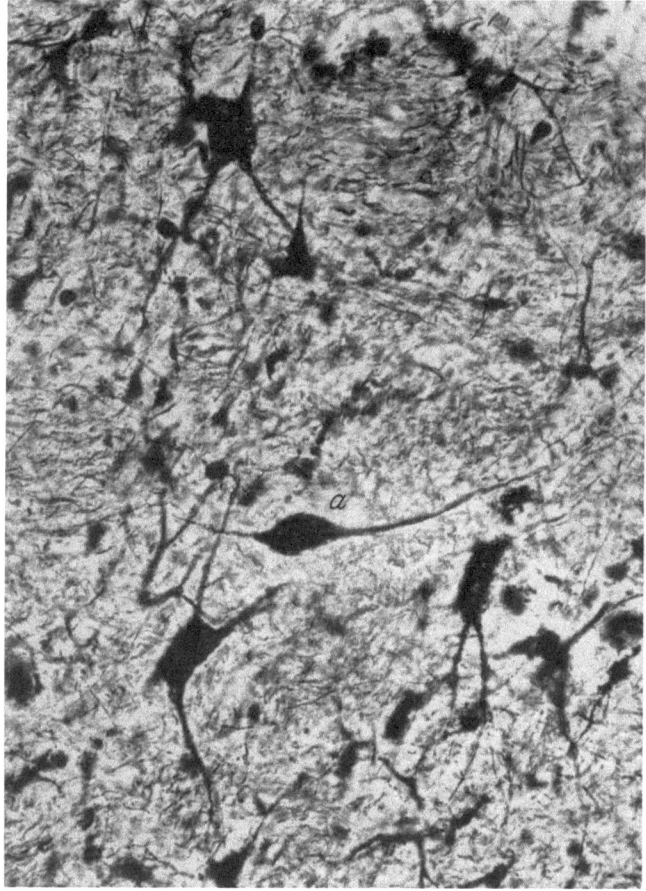

Abb. 16. Ganglienzellen im Gebiete des inneren Kniehöckers. *a* Zellen mit Gestalt der „CAJAL-Zellen". Vergr. 400mal.

zugeführt werden würde. CAJAL hat vor fast 30 Jahren in der Hörrinde eine Zelle beschrieben, welche für ihn das anatomische Charakteristikum des akustischen Zentrums darstellte. Er fand sie in allen Schichten der Hörrinde mit Ausnahme der I. In der II. Schicht sind sie nach ihm nur wenig, in der III. häufiger und in der IV., V. und besonders in der VI. Schicht am stärksten vertreten. Mit der von ihm geübten GOLGI-Methode erscheinen sie spindelförmig oder dreieckig und haben starke, meist horizontal verlaufende Dendriten, von denen vertikal aufsteigende Äste abgehen.

Diese Zellen waren bisher mit einer anderen Methode nicht darstellbar, und es wurde aus diesem Grunde ihre Existenz in Zweifel gezogen. Wie ich mit meiner Methode zeigen konnte, sind sie in der Querwindung und in dem angrenzenden Arealen TA, TE und TG regelmäßig, wenn auch in den letzteren nicht so häufig, zu finden. Nicht nur in der IV. Schicht, wie ich in einer früheren Abhandlung festzustellen glaubte, sondern auch in der VI. sind sie ein immer

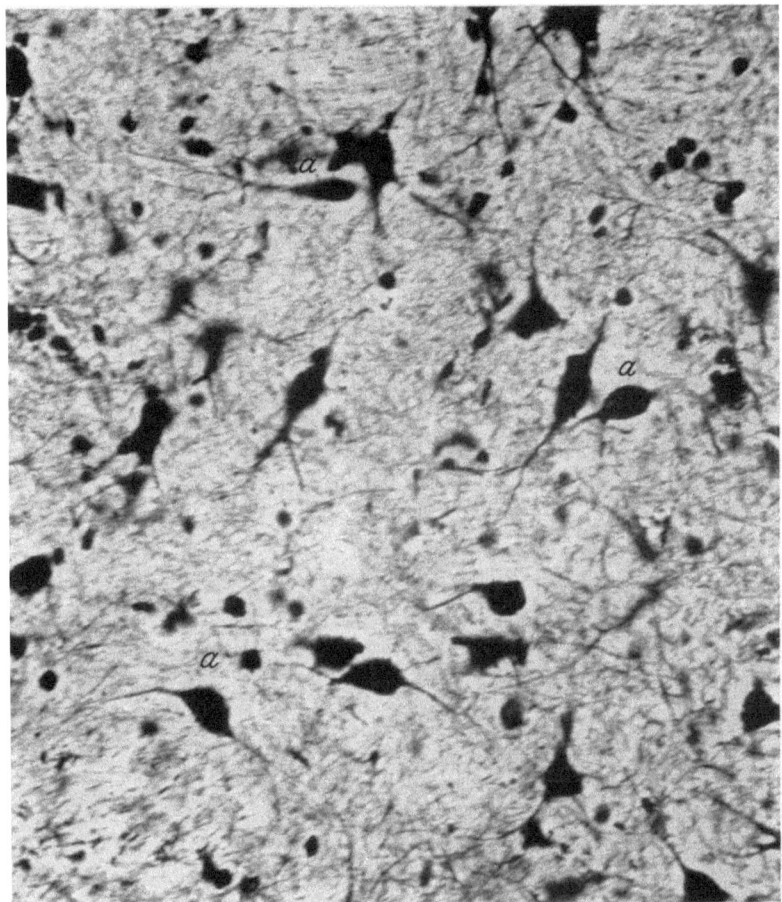

Abb. 17 Ganglienzellen im hinteren Zweihügelgebiet. *a* Zellen mit Gestalt der „CAJAL-Zellen". Vergr. 400mal.

wiederkehrender Befund (s. Abb. 9). Sie liegen vornehmlich in den Körner- und Pyramidenzellhäufchen an der Grenze zwischen III. und IV. Schicht, erreichen eine Höhe von 6—7 μ und eine Breite von 12—14 μ und sind durch ihre eiartige Gestalt und die zarten horizontal gerichteten zwei Fortsätze ausgezeichnet. Um die Frage zu klären, ob diese Zelle wirklich eine Spezialzelle darstellt in dem Sinne, daß sie nur für ein bestimmtes Gebiet typisch ist, habe ich auch andere Areale gründlich untersucht, wohl ähnliche Zellen gefunden, die jedoch im Gegensatze zu der besprochenen die Zellfortsätze nicht horizontal gestellt hatten.

Es schien mir ferner wichtig zu klären, ob nicht auch in anderen Zentren der Hörleitung ähnliche Zellen nachzuweisen wären. Die Untersuchung der Kerngebiete des inneren Kniehöckers ergab mit meiner Methode ebenfalls den Nachweis von bipolaren Zellen gleicher Gestalt. Allerdings sind sie in diesem Gebiete etwas größer, und zwar erreichen sie die Maße von 8—10 μ Höhe und 16—20 μ Breite (Abb. 16).

Zellen im Gebiete der hinteren Zweihügel sind so ähnlich und hinsichtlich ihrer Maße gleich, daß sie ebenfalls in die gleiche Gruppe zu zählen sind (Abb. 17).

Aber auch im Nucleus dorsalis nervi cochleae sind Zellen mit dieser Gestalt ein regelmäßiger Befund. Ihre Maße bewegen sich zwischen denen der Rinde

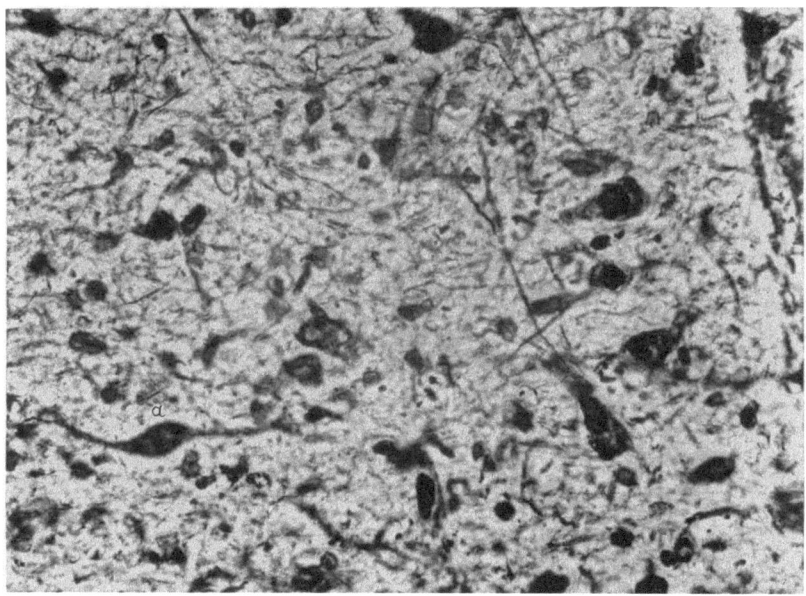

Abb. 18. Nucleus dorsalis nervi cochleae. *a* Zelle mit Gestalt der „Cajal-Zellen". Vergr. 400mal.

und denen im Kniehöcker (Abb. 18). Auf diesem bemerkenswerten Befund, der nicht nur im Rindengebiet, sondern auch in niederen Kerngebieten der zentralen Hörleitung gleichgestaltige Zellen aufzeigt, werden wir bei Besprechung der Physiologie noch zurückkommen.

Vorläufig sei nur festgestellt, daß die Anwesenheit von Zellen mit der Gestalt der Cajalschen Zelle im Cocleariskerne des verlängerten Markes, im Kerngebiet des inneren Kniehöckers hinteren Zweihügel und im Einstrahlungsgebiet der Hörleitung die zentrale Hörbahn mit ihren Umschaltestellen anatomisch zu einem zusammengehörigen, geschlossenen Gebiete macht.

Aber auch die Ganglienzellen des Ganglion spirale der Schnecke erinnern in der Gestalt an die Cajalsche akustische Zelle. Wie die Abb. 19 zeigt, konnte Held durch seine vergleichend anatomischen Studien Zellen finden, die einen bipolaren Eindruck erwecken. Es handelt sich aber nicht um Dendriten, welche sich bipolar ausbreiten, sondern um Neuriten, von denen der auf der Abbildung links gelegene zentral leitet. Auch in den Größenmaßen des Zelleibes kann eine Übereinstimmung dieser dineuritischen Zellen mit der Cajalschen Hörzelle festgestellt werden. Mit dieser Feststellung soll jedoch die physiologische Bedeutung der dineuritischen Ganglienzellen im Vergleiche mit echt bipolaren hier nicht zur Aussprache kommen.

Aus den anatomischen Verhältnissen und dem histologischen Aufbau ergibt sich aber auch, daß wir eine engere Hörsphäre von einer erweiterten unterscheiden können.

Zu ersterer ist nur das Einstrahlungsgebiet der Hörleitung zu rechnen, welche FLECHSIG durch seine Untersuchungen zum ersten Male anatomisch beschrieben und abgegrenzt hat. Es ist dies die erste HESCHLsche Querwindung.

Wie PFEIFER näher geklärt hat, ist die Gipfelhöhe und ein Teil des hinteren Abhanges der ersten Querwindung das Projektionsfeld der Hörstrahlung,

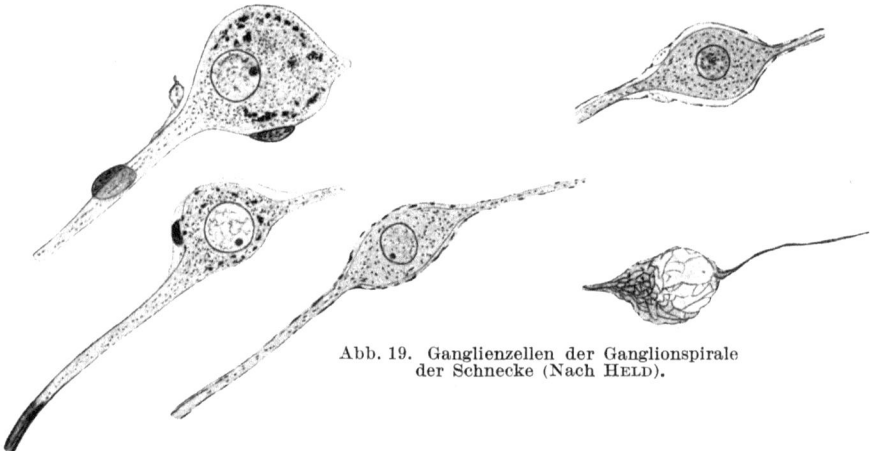

Abb. 19. Ganglienzellen der Ganglionspirale der Schnecke (Nach HELD).

während der vordere und der übrige hintere Abhang der Querwindung ein Assoziations- bzw. ein Balkenfeld darstellt.

Die Cytoarchitektonik dieses Projektionsfeldes ist nicht einheitlicher Art, sondern es sind verschiedene Areale an der Ausbreitung über die erste Querwindung beteiligt. Es sind dies die Areale TB, TC, TD nach ECONOMO, 41, 42 nach BRODMANN mit den verschiedenen Übergangsarealen. Besonders der architektonische Aufbau in der Wand und am Boden der HESCHLschen Furche ist bemerkenswert. *Ihr direkter Zusammenhang mit der Hörbahn ist nicht gegeben, trotzdem ist dieses Gebiet als Querwindungsanteil meines Erachtens auch der engeren Hörsphäre zuzurechnen.* Wir wissen aus den Erfahrungen aus anderen Windungsgebieten, daß einzelne Windungen anatomisch und physiologisch zusammengehören, auch wenn die Projektionsbahnen dieser Windungen nur in die Kuppe einer Windung einstrahlen. Mit anderen Worten: die Tatsache der Lokalisation der Einstrahlung einer Projektionsbahn genügt nicht, die betreffende Windung anatomisch und funktionell als einheitlich zu bezeichnen. Nur der Zell- und Faseraufbau erlaubt es uns heute, Windungen anatomisch zu gliedern. Gegen die anatomische Zusammengehörigkeit der Querwindung wäre demnach aber mit Recht einzuwenden, daß das Einstrahlungsgebiet der Hörbahn cytoarchitektonisch gar nicht einheitlich aufgebaut ist. Wir haben gesehen, daß auf der Gipfelhöhe der ersten Querwindung sich verschiedene Areale ausbreiten (TB, TC, TD). Die Hörbahn mündet also in Areale, welche architektonisch gar nicht einheitlich aufgebaut sind; dies steht aber im Gegensatze zu den Erfahrungen, welche wir bei anderen Projektionssystemen und deren Rindenfeldern bisher gemacht haben (Opticusbahn Area striata, Pyramidenbahn motorische Region usw.). Mit anderen Worten es ist bis heute nicht erwiesen, daß der zentralen Hörbahn in der Rindenvertretung ein bestimmter einheitlicher Zellaufbau entspricht. Wir wissen bis heute nicht mit Sicherheit, ob die Hörbahn im Areal TB, TC, TD oder in alle drei Areale einmündet. Wahrscheinlich ist es, daß der größte Teil der Hörbahn im Areal TC endet, doch werden hier erst weitere Untersuchungen unsere Kenntnisse bereichern können.

Diese anatomischen Verhältnisse werden noch durch entwicklungsgeschichtliche Befunde kompliziert. BRODMANN hat bereits darauf hingewiesen, daß die

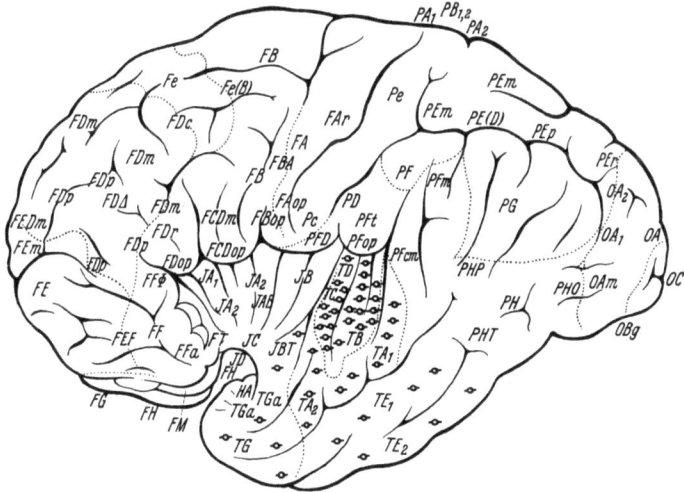

Abb. 20. Schema zur Darstellung der Ausbreitung der Hörrinde ⌒ soll die akustische Zelle versinnbildlichen und ihre Anwesenheit geht aus der Eintragung hervor. Im Gebiete der engeren Hörsphäre ist sie stärker vertreten als in der erweiterten.

wohl charakteristischen Felder 41, 42 auf der Querwindung des Menschen beim Tiere, wie z. B. der Affe, auch wenn es bereits Querwindungen aufweist, fehlen. Systematische Nachuntersuchungen stehen noch aus, und die Beantwortung entwicklungsgeschichtlicher Fragestellungen ist verfrüht.

Als einheitliches Ergebnis der anatomischen Untersuchungen kann wohl angesehen werden, *daß die Querwindung das Einstrahlungsgebiet der Hörbahn darstellt und diese somit als engere Hörsphäre angesehen werden kann.* Dieser Auffassung kommt selbst MONAKOW (11) entgegen, der als Gegner der Lokalisationslehre trotzdem die Querwindung als „Kernzone" der Hörsphäre bezeichnet.

Außer diesem Gebiete, welches als engere Hörsphäre bezeichnet werden kann, können wir auch noch eine erweiterte Hörsphäre annehmen, und zwar schon auf Grund anatomisch-histologischer Befunde (s. Abb. 20).

Ich möchte nämlich jene Areale dazu zählen, in denen die CAJALsche akustische Zelle zu finden ist. Dies wären die BRODMANN-Felder 22, 21, 38, die Areale nach ECONOMO TA, TE, TG. Ich betone jedoch, daß dies vorläufig nur einen Versuch darstellen soll; die Erfahrungen aus der Pathologie und Physiologie werden diese Frage erst einer endgültigen Lösung zuführen können.

II. Physiologie der Hörrinde.

Über die physiologischen Aufgaben der Hörrinde beim Menschen sind wir nur durch unsere Erfahrungen aus der Pathologie unterrichtet. Die jahrzehntelange Erfahrung am Krankenbette, deren Gegenüberstellung mit dem anatomischen Befunde und die im Kriege an Hirnverletzten gemachten Erfahrungen haben uns einen Einblick in die Leistungen dieser Gebiete ermöglicht. Diese Erfahrungen haben durch FLECHSIGs myelogenetische Untersuchungen nicht nur eine anatomische Bestätigung erfahren, sondern sie fügen sich auch in seine Lehre über die physiologischen Aufgaben der einzelnen Gebiete ein.

Den ersten Schritt zur Lokalisation der Hirnfunktion hat vor 60 Jahren WERNICKE (2) damit unternommen, daß er auf die Beziehungen von Schläfelappenerkrankung und sensorische Aphasie hinwies. Wir wissen durch seine Untersuchungen, daß es bei Zerstörung einer bestimmten Stelle (im hinteren Drittel der ersten Schläfewindung) (WERNICKEsche Stelle) zu Sprachstörungen kommt, die durch den Verlust des Sprachverständnisses ausgezeichnet sind. War damit nur die Lokalisation einer qualitativen Hörfunktion gegeben, so haben die weiteren Untersuchungen Licht in die Physiologie der Hirnwahrnehmung im allgemeinen gebracht. So konnten WERNICKE und FRIEDLÄNDER (12) u. a. zeigen, daß doppelseitige Zerstörungen der HESCHLschen Windungen vollständige Taubheit zur Folge hatte. Es gibt wohl keinen Fall von beiderseitiger totaler Zerstörung der Querwindung, bei dem das Hörvermögen nicht entweder vollständig oder hochgradig zerstört wäre. Wenn auch die beobachteten Herde noch andere Gebiete als die Querwindungen betrafen, so lagen bei allen die HESCHLschen Querwindungen innerhalb des Herdes, so daß daraus wohl der Schluß gerechtfertigt ist, daß die Querwindung die „Kernzone" der Hörsphäre darstellt. Dies war aus den anatomischen myelogenetischen Untersuchungen FLECHSIGs schon anzunehmen, und die Anatomie steht hier in vollständiger Übereinstimmung mit den physiologischen Erfahrungen.

Da es bei einseitiger Läsion der Querwindungen zu einer Hörstörung auf dem gegenüberliegenden Ohr kommt und diese sich weitgehend zurückbilden kann, ist zu schließen, *daß beide Hörsphären mit beiden Schnecken in Beziehung stehen und die Areale beider Seiten ein einheitliches Leistungsgebiet mit gleichartiger Funktion darstellen.*

Die Wahrnehmung der Gehörseindrücke und ihre Differenzierung vollzieht sich jedoch in anderen Gebieten. Wie später noch näher ausgeführt werden wird, werden die Gehörswahrnehmungen als Geräusche, Töne und sprachliche Laute differenziert.

Was die

Lokalisation der Geräuschwahrnehmungen

betrifft, so ist anzunehmen, daß die feinere Unterscheidung der Geräuschwahrnehmungen vorwiegend nur in der linken Hörrinde und zwar vermutlich in der Querwindung oder in den unmittelbar anstoßenden Gebieten zustande kommt. Auch wenn die Wahrnehmung von Tönen und Lauten (Sprache) bereits vollkommen aufgehoben ist, kann die der Geräusche noch erhalten oder nur wenig betroffen sein. Ein isolierter Verlust der Geräuschwahrnehmung ist wohl nie beobachtet worden, wohl aber eine gemeinsame Schädigung der Geräusch-, Ton- und Lautwahrnehmung [KLEIST (13)]. Aus der Beobachtung des

Falles von QUENSEL (20) geht hervor, daß neben Worttaubheit eine Auffassungsstörung für Geräusche ohne wesentliche Verletzung der Querwindung vorkommt und zwar bei doppelseitigen Herden im mittleren Drittel der ersten Temporalwindung. Nach KLEIST beruht dann die Geräuschtaubheit auf einer Störung in der zeitlichen Verknüpfung an einzelnen Geräuschwahrnehmungen zu einem Gesamtgeräusch, ein Ausfall von Leistungen, welche nach KLEIST in das BRODMANNsche Feld 22, ECONOMO TA_1 (Organ für die Zeitformel) zu verlegen wäre.

Die

Lokalisation der Lautwahrnehmungen

ist die Grundlage der WERNICKEschen Aphasielehre geworden. Die Beeinträchtigung oder Aufhebung der Fähigkeit, den sprachlichen Ausdruck verstehend zu erfassen, ist das Hauptsymptom der sensorischen Aphasie.

Wir finden bei ihr aber nicht nur Perzeptionsstörungen für Laut- und Wortaufnahmen, sondern auch Störungen der inneren Sprache, bedingt durch Schädigung der Verknüpfung des perzipierten Wortes mit den begrifflichen Vorstellungen (Störung der sekundären Identifikation). Die sensorischen Aphasien können in Untergruppen geteilt werden, von denen die vollständige sensorische Aphasie oder corticale sensorische Aphasie nach WERNICKE als Hauptsymptom die Worttaubheit aufweisen; diese führt zur Paraphasie. Das Leseverständnis sowie das Verständnis für grammatikalischen Aufbau und Syntax ist durch den Verlust der Wortklangbilder schwer geschädigt.

Bei der einen Worttaubheit (subcorticale Aphasie nach LICHTHEIM) ist die Beeinträchtigung der Perzeption sprachlicher Eindrücke noch weitergehender, so daß z. B. selbst der eigene Name nicht mehr verstanden wird, während bei der früher besprochenen Form der sensorischen Aphasie einzelne Sprachreste noch aufgenommen werden. Bei oberflächlicher Betrachtung erweckt der reine Worttaube denselben Eindruck wie ein peripher Tauber oder Schwerhöriger, doch ergibt die genaue Gehörsprüfung immer die Funktionstüchtigkeit des peripheren Hörapparates. Da die „innere" Sprache nicht Schaden gelitten hat, kommt es nicht zu Störungen im grammatikalischen Aufbau und in der Syntax.

Die Lokalisation dieser beiden Formen von Aphasie ist, wie schon aus dem klinischen Krankheitsbild zu erwarten ist, keine einheitliche. Während die vollständige sensorische Aphasie (corticale sensorische Aphasie nach WERNICKE) im allgemeinen zustande kommt, wenn ein ausgedehnter Herd im hinteren Drittel der ersten Temporalwindung, BRODMANN Feld 22, ECONOMO TA_1 (siehe Abb. 8a) vorliegt, ist reine Worttaubheit (subcorticale sensorische Aphasie nach LICHTHEIM) nur bei beiderseitiger Erkrankung der Temporalgebiete eindeutig beschrieben worden.

Bei der transcorticalen sensorischen Aphasie (assoziative Form) findet man noch die Fähigkeit, das gesprochene Wort als äußeres Klangzeichen wahrzunehmen, es knüpft sich jedoch keine begriffliche Vorstellung an diese Wahrnehmung. Trotz der vielen klinischen Beobachtungen dieser Aphasieform stellt sie anatomisch kein bestimmtes Herdsymptom dar.

Eher ist es möglich, die amnestische Aphasie, bei welcher die Erschwerung der Wortfindung im Vordergrunde steht, zu lokalisieren. KLEIST fand amnestische Aphasien nach Verletzungen in den hinteren Gebieten von T_3—T_2 im BRODMANNschen Feld 37, ECONOMO PH_1, wo er ein akustisch psychisches Feld vermutet.

Die Lokalisation der Tonwahrnehmung

ist als Tontaubheit, bei welcher die synchronen Tonverhältnisse der Zusammenklänge und Klangfarben nicht aufgefaßt werden, in den beiden Querwindungen anzunehmen, da es nur bei doppelseitigen Herden zur zentralen Tontaubheit kommt. Die feinere Unterscheidung von Tonhöhen, Intervallen und Akkorden kommt — wenigstens bei gewissen Menschen — nur in einer, der linken Hörrinde zustande (KLEIST).

Die Wahrnehmung von Melodien als Folgen von Intervallen und ihre gedächtnismäßige Verankerung dürfte nach KLEIST ihre Örtlichkeit im mittleren Drittel der ersten Temporalwindung BRODMANN Feld 22, ECONOMO TA_2 haben. HENSCHEN verlegt sie in den linken Pol des Schläfelappens, BRODMANN Feld 38, ECONOMO TG. Außer diesen beiden Gebieten für Tonwahrnehmungen fordert KLEIST noch ein besonderes für Musiksinn. Hier werden Töne und Melodien erkannt und begrifflich verknüpft. Bei Zerstörung kommt es zur Musiksinntaubheit, bei welcher Töne und Melodien wohl erkannt und nachgesungen, aber in ihrer Zugehörigkeit zu einem Text, einem Vorgang oder einer Person — z. B. in einer Oper — nicht erfaßt werden. KLEIST vermutet den Sitz dieser erworbenen Fähigkeit, welche bei Musiksinntaubheit zerstört wird, im akustisch-psychischen Gebiet BRODMANN 37, ECONOMO PH.

Aber nicht nur die herdförmige Zerstörung bestimmter Gebiete, sondern deren gewollte oder ungewollte Reizung hat uns in der Lokalisation der Großhirnrinde vorwärts gebracht. Bei Hirnverletzungen, die wir so oft im Kriege beobachten konnten, sind akustische Reizerscheinungen im allgemeinen selten, und sie erlaubten keinen sicheren Rückschluß auf eine bestimmte Örtlichkeit. Wohl aber berichtet FÖRSTER über erzielte Reizergebnisse im Schläfelappen, Feld BRODMANN 22, ECONOMO TA, die in einer akustischen Aura zum Ausdrucke kam. Reiz- und Ausfallserscheinungen dieses Gebietes durch Krankheitsprozesse kann nach anderen Autoren (PICK, KRAEPELIN, LANGE u. a.) paraphasische Halluzinationen hervorrufen.

Zusammenfassend muß jedoch festgestellt werden, daß die akustischen Reizerscheinungen uns nicht zu jenen sicheren Rückschlüssen berechtigen wie die anderer Sinnesgebiete.

So wurden nur die klinischen Erfahrungen aus der Pathologie herdförmiger Erkrankungen im Schläfelappen die Grundlage der Physiologie der Hörwahrnehmung beim Menschen.

Bevor wir auf die eigentliche Physiologie der Hirnrinde eingehen, seien die psychophysiologischen Grundlagen des „Hörens" besprochen.

Die Schallreize sind nach ihrer physikalischen Beschaffenheit im allgemeinen in zwei Gruppen einzuteilen und zwar 1. in Ton- und Klangempfindungen, 2. in Geräuschempfindungen, je nachdem die Schwingungen gleichmäßig und stetig oder ungleichmäßig unstetig und wechselnde Wellenlänge unseren Gehörapparat treffen. In jüngerer Zeit werden auch die Laute (Sprachlaute, Eigenlaute) als eine Teilempfindung aufgefaßt. In jeder dieser drei voneinander unabhängigen Möglichkeiten ändern sich die Gehörsempfindungen in einer und bei allen drei Arten gleicher Richtung: die Töne von tief zu hoch, die Geräusche von dunkel (voll) zu hell (dünn), die Laute von u zu i, wenn von den noch nicht genügend geklärten Konsonanten abgesehen wird. Doch sind die Stufen, in denen die Ton-, Geräusch- und Lautleitern aufsteigen, verschieden groß. Am feinsten ist die Unterschiedsempfindlichkeit für Töne, wesentlich gröber sind die Unterschiede der Lautempfindungen, die erst in Abständen von Oktaven deutlich werden, und am geringsten scheint die Mannigfaltigkeit der geräuschartigen Helligkeiten der Gehirneindrücke zu sein. Ich folgte hier den Ausführungen und Ansichten K. KLEISTs (13), welcher damit die Pathologie der Hörempfindungen zu analysieren bemüht war. Nach KÖHLER kann man eine Ähnlichkeit zwischen der Tonhelligkeit und dem Hell-Dunkel der Gesichtswahrnehmungen, sowie die Verwandtschaft der Lauteigentümlichkeiten der Töne mit den Farben annehmen. KLEIST hat auf Grund dieser, hier aus Raumgründen nicht weiter ausführbaren, Tonpsychologie die hirnpathologischen Tatsachen ganz wie im Gebiete der Optik zu ordnen versucht.

Den extensiven Störungen entsprechen auf akustischem Gebiete:

1. Die allgemeine Schwerhörigkeit bzw. Taubheit zentralen Ursprunges und die Einschränkung der Breite der Gehörswahrnehmungen als Gegenstück zur konzentrischen Gesichtsfeldeinschränkung.

2. Die umschriebenen Hörausfälle, der Ausfall nur der tiefen oder der hohen Töne, die den Skotomen entsprechenden Tonlücken.

Die qualitativen Hörstörungen ordnen sich in solche:

1. der Geräuschempfindungen,
2. der Töne,
3. der Laute.

Damit werden gewisse krankhafte akustische Erscheinungen, die bisher nicht den Auffassungs-, sondern den Erkennungs- und Vorstellungsstörungen zugerechnet wurden, im Lichte dieser neuen Gehörspsychologie als perzeptive Störungen anzusehen sein. Wie eine Geräuschtaubheit muß eine perzeptive Tontaubheit und eine besondere Art der reinen Worttaubheit — Lauttaubheit — in der Pathologie zu trennen sein, da bei ihnen eine Schädigung der elementaren Geräusch-, Ton- bzw. Lautempfindung vorliegt.

Bei der Gegenüberstellung und dem Vergleich der Psychophysiologie des Gehörs mit den Gesichtswahrnehmungen muß jedoch festgestellt werden, daß die erstere in komplizierterer Weise erfolgt, da die Sukzession — die zeitliche Folge der einzelnen Gehörseindrücke — eine unverhältnismäßig größere Rolle spielt als bei den Gesichtswahrnehmungen. Die Wahrnehmung elementarer und komplexer optischer Eindrücke erfolgt in einer bestimmten Zeiteinheit, für welche die zeitliche Aufeinanderfolge einzelner Reize, außer in der kinematographischen Darstellung, praktisch keine Rolle spielt. Die Wahrnehmung elementarer und komplexer akustischer Eindrücke hingegen erfolgt durch die Sukzession, wie dies aus der Wahrnehmung elementarer Tonfolgen als Melodie komplexer Folgen als Geräusche und Laute (Sprachlaute, Sätze usw.) hervorgeht.

Mit anderen Worten, bei keinem Sinnesgebiet beruht die Wahrnehmung so sehr auf Reizfolgen wie bei dem akustischen. Es kann daher die Beurteilung des Wahrnehmungsaktes *einzelner* elementarer und komplexer Reize nicht, wie bei der Prüfung des optischen Sinnes, zur Prüfung des psychophysiologischen Geschehens allein herangezogen werden, sondern diese hat sich auch auf die Beurteilung der Wahrnehmung der Reizfolgen mit besonderem Interesse auszudehnen.

Die physiologischen Tierexperimente haben uns bisher nur gezeigt, daß eine enge Beziehung zwischen Temporallappen und der Hörfunktion im allgemeinen besteht. Die von KALISCHER (14) vertretene Anschauung, daß die Hörfunktion, z. B. beim Hunde, überhaupt nicht an die Hirnrinde gebunden sei, ist durch das Experiment nicht so gestützt, daß sie die Auffassung von der Vertretung der Hörfunktion in der Rinde stürzen könnte.

Die Lokalisation der Empfindungsfähigkeit für verschiedene Tonhöhen beim Tiere ist bisher ebenfalls nur im Bereiche der Hypothese geblieben.

Wie schon erwähnt, hat WERNICKE (2) als erster den Temporallappen und im besonderen die erste Temporalwindung als zentrales Hörorgan aufgefaßt, und bald darauf hat FLECHSIG (3) durch seine Faserstudien die Querwindung als die primäre Hörsphäre erkannt und damit die Lehre ausgesprochen, daß sie die einzige und ausschließliche Eintrittspforte der Gehörseindrücke ins Bewußtsein darstellt. Die Hörsphäre ist nach FLECHSIG (3) eine echte Sinnessphäre, d. h. das Projektionsfeld eines Sinnesorganes. Wenn man die Sinne als Pforten der Seele bezeichnet, so hat diese Pforte eine Doppeltür, die äußere ist das Sinnesorgan, die innere die Sinnessphäre im Gehirn. Gehörseindrücken wird nach Zerstörung der temporalen Querwindung der Eintritt in die Rinde versperrt. Die Sinneseindrücke dringen also nach FLECHSIG nur in die Sinnessphären ein. Die Gedächtnisspuren der Sinneseindrücke jedoch sind nicht in den Sinnessphären, sondern in den sog. Randzonen verankert; diese bergen z. B. die Wortklangbilder. Die Assoziation dieser Wortklangbilder mit dem zugehörigen Bedeutungsinhalt vermitteln andere Rindenpartien, die ganz außerhalb der Hörsphäre liegen.

Im Gegensatze hierzu ist nach NIESSL V. MAYENDORF (15) die Hörsphäre kein bloßes Einfallstor für akustische Eindrücke, sondern gleichzeitig ein echtes psychisches Zentrum im Mechanismus der Sprache, da die Erinnerungsspuren der Wortklangbilder darin ihren Sitz haben. Obwohl Schüler FLECHSIGs, nimmt damit NIESSL gegen dessen Lehre Stellung.

Auf FLECHSIGs Lehren aufbauend, hat HENSCHEN (16) das Problem der Physiologie der Hörrinde großzügig aufgegriffen und eine fruchtbare Lehre aufgestellt. Er sieht in der ersten HESCHLschen Querwindung eine reine Sinnessphäre, das primäre Hörzentrum, in welches alle akustischen Reize, wie durch eine enge Einfallspforte, in die Rinde gelangen. Er sagt wörtlich: „Die Rinde dieser Querwindung ist deshalb als diejenige spezifische Rindenfläche zu betrachten, wo die akustischen Reize in das Gehirn eintreten, um von da weitergeleitet zu werden. Die Querwindung ist also in bezug auf das Hören, was die Area striata für das Sehen ist; sie haben beide die Rollen von Sinnesflächen. Dafür spricht noch ihre anatomische Lage. Beide liegen ebenso wie die übrigen Sinnesflächen, die Tastfläche und die Riechfläche, unmittelbar an den großen Fissuren an, mehr oder weniger in der Tiefe verborgen." An anderer Stelle sagt er weiter ... „sie ist ohne Zweifel eine Rindenfläche, die das Hören vermittelt und die für das Hören unumgänglich notwendig ist, da alle akustischen Reize durch diese Rinde passieren müssen, um als Geräusche spezifischer Art aufgefaßt zu werden. Nicht nur einfachste Töne und zusammengesetzte Melodien, sondern Geräusche jeder Art und ganz speziell Worte müssen durch die Querwindung hindurch, um zur übrigen Hirnrinde zu kommen und dort gedeutet zu werden."

Ein eigentliches psychisches Zentrum ist also die Hörsphäre nach HENSCHEN *nicht.*

HENSCHEN stellt sich vor, ,,daß bei jeder psychischen Arbeit lokale corticale Prozesse vor sich gehen, und daß ein Zusammenarbeiten gewisser Rindenflächen stattfindet, in denen die einfachen optischen, akustischen, kinästhetischen, gustatorischen und olfaktorischen Komponenten der Vorstellungen und Erinnerungen passieren oder deponiert werden und welche bei der psychischen Arbeit lebendig gemacht werden, während gleichzeitig neue psychische Elemente, Vorstellungen u. dgl. durch neue, in geeignete Energien umgewandelte Empfindungen zugeführt werden, die die früher deponierten vivifiieren und mit diesen zu neuen Kombinationen zusammenschmelzen oder sie modifizieren und somit neue Vorstellungen und Begriffe bilden. Hierzu ist eine Reihe stufenweise übereinander gelagerter psychischer Instanzen oder Rindenstationen erforderlich, welche, jede in ihrer Ordnung, die empfangenen Energien in neue Formen umwandeln, damit sie geeignet werden, höhere Kombinationen zu bilden, bis sie die höchsten uns bekannten Formen — die der abstrakten und moralischen Begriffe — erreichen, die in ihrer Ordnung unseren Willen und unsere Gefühle beherrschen."

Mit solchen Vorstellungen über die allgemeinen Aufgaben der Hirntätigkeit können wir HENSCHEN folgen, wenn er in der Querwindung die primäre Aufnahmestation und im Temporallappen noch zwei höhere, voneinander unabhängige Elektionsstationen (WERNICKEsche Wortzentren und das musikalische Zentrum) sieht, in welche die akustischen Energien je nach ihrer Art gelangen, um dann in transformierter Form weiter befördert zu werden, um nach Passage und neuerlicher Transformation und Kombination in die großen Assoziationsfelder im Temporallappen und weiterer Wiederholung dieses Vorganges in andere Gebiete, schließlich nach Vereinigung mit Energien, welche aus anderen Sinnesorganen stammen, zu noch höheren psychischen Kombinationen (im Stirnhin?) zusammengesetzt zu werden. Im Temporallappen wären also mindestens drei übereinander geordnete, fokalgetrennte Rindenstationen anzunehmen: die Querwindung, die zwei analogen Flächen in der ersten Temporalwindung (für Worte und Musik); das große (parietale) Assoziationsfeld zwischen den optischen, akustischen und kinästhetischen Feldern sowie das Assoziationsgebiet im Stirnhirne sind außerhalb des Schläfelappens anzunehmen.

In der Querwindung kommt es nach HENSCHEN also zu einer Elektion in der Art, daß Sprachlaute die Richtung passieren, die von der Reizleitung nach dem an die Querwindung angrenzenden Abschnitt der Temporalwindung (WERNICKEsche Stelle) freigegeben wird. In diesem ,,Worthörzentrum" erfolgt eine neuerliche Transformation und Reizübertragung nach dem ,,Wortsinnzentrum", dem eigentlichen Sitz der inneren Sprache, dessen Lokalisation wohl in engen Grenzen nicht möglich sein dürfte. Liegen akustische Reize als Töne vor, so wird es zu einer Elektion in dem Sinne kommen, daß eine andere Richtung in der Querwindung von der Reizleitung freigegeben wird und zwar in das Gebiet des sensorischen Musikzentrums, das sich wahrscheinlich im vorderen Abschnitt der ersten Temporalwindung befindet. Der eigentliche Wahrnehmungsakt für sprachliche und musikalische Eindrücke vollzieht sich jedoch weder in der WERNICKEschen Stelle noch im sensorisch musikalischen Zentrum (Musikklangzentrum), sondern in höheren, d. h. übergeordneten Hirnabschnitten (Stirnhirn?). Nach HENSCHEN lassen sich die physiologischen Vorgänge bei Gehörseindrücken sprachlicher und musikalischer Art kurz zusammenfassen:

Im Temporallappen gibt es wenigstens drei verschiedene übereinander geordnete Zentren und zwar das primäre Gehörzentrum, das Wortklangzentrum, das Wortsinnzentrum. Koordiniert mit den zwei letzteren sind das Musikklang- und das Musiksinnzentrum, von deren Lokalisation und genauerer Funktion wir jedoch zur Zeit nur wenig wissen. Die Abgrenzung des Wortlautzentrums vom Wortsinnzentrum ist noch unsicher. Das Wortlautzentrum liegt sicherlich in der ersten Temporalwindung.

Die größte Fusion besitzen nach HENSCHEN die Geräusche, die sich wahrscheinlich über den ganzen Schläfelappen auszubreiten vermögen.

Diese Lehre HENSCHENs hat sicherlich großen theoretischen Wert, ist jedoch praktisch schwer beweisbar. Sieht man von der Lokalisation in „Zentren" ab — der Ausdruck Zentren ist hier wohl nicht richtig gewählt —, so hat die Lehre HENSCHENs etwas Bestechendes, da sie den entwicklungsgeschichtlichen Vorgängen Rechnung trägt.

Wie ich (17) an anderer Stelle gezeigt habe, geht die Ausreifung der Ganglienzellfortsätze in gesetzmäßiger Weise vor sich. Das Studium dieses Ausreifungsvorganges, die Cytodendrogenese, hat ergeben, daß sich an frühreife Gebiete solche im Ausreifungsprozeß anschließen, welche diesen frühreifen übergeordnet sind.

So geht z. B. der Ausreifungsprozeß stufen-, aber arealweise von der Zentralwindung stirnhirnwärts vor sich, da die der Zentralwindung vorgelagerten Areale die physiologische Aufgabe übernehmen, das motorische Zusammenspiel der einzelnen in ihr fokal vertretenen Muskeln und Muskelgruppen zu ordnen und „praktisch" zu gestalten. In der individuellen Entwicklung werden immer mehr solche Areale zur Mitarbeit herangezogen, entsprechend den praktischen Leistungen, welche für die Durchführung der Handlungen notwendig werden. Ähnlich sind die Verhältnisse auf akustischem Gebiete.

Die Areale der Querwindung sind frühreif, dann erst reifen die benachbarten der ersten Temporalwindung (TA) und am spätesten die an das Parietalhirn anstoßenden Areale aus. In Übereinstimmung damit ist auch die Markausreifung, die Myelogenese (FLECHSIG).

Auf die physiologischen Vorgänge übertragen, ist das dem primären Gehörzentrum übergeordnete Wortklangzentrum später reif und kann daher auch erst später die weitere Elektion der Gehörseindrücke vermitteln. Am spätesten, entsprechend der geistigen Ausreifung des Menschen, entwickelt sich das Wortsinnzentrum im Assoziationsgebiet des Temporo-Parietalhirnes. Das gleiche gilt für den Aufbau der Wahrnehmungsvorgänge für musikalische Eindrücke.

Kurz zusammengefaßt, läßt sich also sagen, daß auch für sensorische Leistungen entwicklungsgeschichtlich eine stufenweise Ausreifung der an die primäre Sinnesrinde angrenzenden Areale zu beobachten ist. Damit läßt sich der psychophysiologische Aufbau der Sinneswahrnehmung verfolgen, der aus einfachen elementaren Sinnesempfindungen, die in der Sinnesrinde vermittelt werden, durch Heranziehung benachbarter und anderer Areale allmählich zur komplexen Sinneswahrnehmung ausreift. Diese Areale, in denen sich die Differenzierung des Wahrnehmungsaktes und dieser selbst vollzieht (primäre und sekundäre Identifikation nach WERNICKE*), sind daher physiologisch als „übergeordnet" anzusehen insoferne, als nur durch sie die höheren Leistungen (Gedächtnis) und damit der Bewußtseinsvorgang — die Wahrnehmung — ermöglicht werden.*

Der cytoarchitektonische Aufbau des Schläfelappens und besonders der Querwindung und die areale Abgrenzung dieser einzelnen Gebiete sichert diese

Lehre vom anatomischen Gesichtspunkte aus. Wir haben gesehen, daß der Zellaufbau der Querwindung, obwohl äußerst kompliziert, doch durch das Vorwiegen der Körnerzellen darauf hinweist, daß hier ein sensorisches Rindengebiet vorliegt (Corniocortex).

Die größte Ausbreitung haben die Areale TC und TB, und es ist in Übereinstimmung mit den Befunden anderer sensorischer Rindengebiete in dem durch das Überwiegen der Körnerzellen charakteristischen Areal TC die primäre Hörrinde zu vermuten. Wenn wir noch berücksichtigen, daß dieses Areal sich vornehmlich auf der Windungshöhe der ersten Querwindung ausbreitet, dort, wohin die Hörbahn einstrahlt, wie FLECHSIG nachgewiesen hat, so wird diese Auffassung, der besonders ECONOMO zuneigt, noch wesentlich gestützt. Das Areal TC, BRODMANN 41 entspricht der FLECHSIGschen Primordialzone 7 und ist heterotypisch. Es ist, wie ECONOMO mit Recht bemerkt, wohl kein Spiel des Zufalls, wenn die meisten FLECHSIGschen Primordialzonen heterotypische und allogenetische architektonischen Zonen entsprechen, und somit gewinnt die Heterotypie des Areals TC als Primordialzone eine physiologische Bedeutung für die Leistung der Hörbahn, welche in sie einmündet.

Es ist einzuwenden, daß dieses Areal nur inselförmig ausgebreitet ist und eine relativ nur geringe Ausdehnung auf der Oberfläche der Querwindung hat, was uns beim Vergleiche mit der Sehrinde, deren Ausdehnung unvergleichlich größer ist, auffallen muß. Es ist nicht leicht verständlich zu machen, warum diese beiden Sinnesorgane mit ihren komplizierten Leistungen auf der Hirnoberfläche in ihrer Ausdehnung so ungleich stark vertreten sind. Auch der Erklärungsversuch ECONOMOS, daß jeder Ton als eine einzige reine Sinneswahrnehmung frei von jeder „Kombination" etwas viel einfacheres ist als z. B. jeder Gesichtseindruck, der doch zumindest aus Form, Farbe und Bewegung besteht, kann nicht ganz befriedigen. Ich glaube, daß außerdem noch zu berücksichtigen ist, daß dieses Areal TC im Gegensatze zur Area striata mehr den Charakter einer Vermittlungs- und Verteilungsstelle für Hörreize darstellt und kann für diese Deutung den Zellaufbau des Koniocortex als Gegengrund nicht gelten lassen. So gesichert ist unser Wissen noch nicht, daß wir *nur* aus dem Koniocortex auf sensorische Leistungen schließen können. Mit meiner Auffassung stehe ich auch ganz auf dem Boden der HENSCHENschen Lehre, aus der sie sich ableitet. Selbst ECONOMO gibt zu, daß außer TC, auch TB höchstwahrscheinlich neben anderen Funktionen in einem seiner Teile wenigstens rezeptive sensorische Funktion leistet. Solche Funktionen könnten nach ihm außer mnestischen auch Kombinationen von sensorischen sein, sensorisch motorische, z. B. Orientierung der Töne im Raume u. a. m.

Ob dem Areal TD dieselben Aufgaben zukommen wie TC, ob wir, mit anderen Worten, auch in ihm eine Koniocortex anzunehmen haben, ist nach ECONOMO noch fraglich, und ich halte einen Lokalisationsversuch in diesem Gebiete für noch zu verfrüht.

In diesem Zusammenhange muß auf die obige Feststellung verwiesen werden, daß nach BRODMANN den Tieren die Areale TB, TC, TD fehlen. Wenn dieser Befund als gesichert angenommen wird, stehen wir entwicklungsgeschichtlich vor einem schwer zu lösenden Problem, da für diesen Befund kein Anhaltspunkt beim Vergleiche mit anderen sensorischen Rindengebieten gefunden werden kann. Die Rindenendstätten des sensorischen Bahnsystems der höherstehenden

Tierreihe sind alle im Zellaufbau denen beim Menschen gleich (Area striata, sensible Rinde usw.), nur die Hörbahn endet beim Menschen in anderen Rindenstrukturen als bei den Tieren. Dafür gibt es vielleicht eine Erklärung, die von anderer Seite schon versucht wurde: Gerade durch den differenzierten Zellaufbau der Querwindung, welcher dem Tiere nicht eigen ist, erlangt der Mensch die besondere Fähigkeit, sprachliche Laute zu analysieren.

Diese einzig dem Menschen eigene Fähigkeit, die Sprache nicht nur als Gefühls-, sondern auch als Gedankenausdrucksmöglichkeit auszubauen, wird daher das Tier nie erreichen.

Das an die Querwindung angrenzende Feld Economo TA, Brodmann 22 nimmt den größten Teil der Temporalwindung ein, und in diesem Areal liegt bekanntlich auch die Wernickesche Stelle. Seit Wernicke verlegen wir in dieses Gebiet das Wortlaufverständnis, dessen Zerstörung zur sensorischen Aphasie führt. Das in seinem Aufbau wohl charakteristische Areal mit dem starken Hervortreten der III. Schicht scheint also die Herausdifferenzierung der zu einem Worte geformten sprachlichen Laute zu ermöglichen. Nach Economo ist die Partie, welche polarwärts liegt, etwas anders gebaut als die occipitalwärts gelegene, und er unterscheidet demnach das polare Areal TA_1 von der Area temporalis superio posterior TA_2. Wenngleich ich diese Trennung des Feldes nicht so scharf durchführen möchte und eine Unterteilung für schwierig halte, ist durch sie vielleicht die Möglichkeit gegeben, die Wernickesche Stelle, den mehr occipitalen Anteil der ersten Schläfewindung, von einem polaren Anteil zu trennen. So könnten vielleicht auch die physiologischen Leistungsbereiche eine Unterstützung erfahren, insoferne als die Wernickesche Stelle in TA von dem Gebiete des Musikverständnisses in TA_2 abgegliedert werden kann. Die besondere Entwicklung der III. Schicht läßt eine starke kombinatorische, d. i. assoziative Leistungsfähigkeit erwarten, wie sie durch das Wortlaut- und Musikverständnis gegeben ist.

Über die physiologische Bedeutung der Regio temporalis propria, die in die Area temporalis media und inferior Economo TE_1, TE_2, Brodmonn 21 und 20 untergeteilt wird, ist uns nichts Sicheres bekannt.

Entwicklungsgeschichtlich gehört sie nach Flechsig zu dem großen parietotemporalen Assoziationsgebiet. Die Anwesenheit der Cajalschen Zelle läßt vermuten, daß vielleicht mnestisch assoziative Leistungen der Höreindrücke hier zustande kommen (Wortsinnverständnis).

Nach Monakow (11) ist in der zweiten und dritten Temporalwindung, welche zum größten Teile von diesen Feldern überzogen werden, der Ursprung der kortikofugalen temporalen Brückenbahn anzunehmen. Da die temporopontinen Bahnen wie wahrscheinlich alle kortikopontinen Bahnen in Beziehung zum Kleinhirn stehen dürften und bei Erkrankungen dieses Gebietes statische Ataxie und Störungen der Augenbewegungen beschrieben werden, ist eine Beziehung mit dem Vestibularapparate, wenn auch auf verwickelten Bahnen, möglich. Es wären somit auch in der Rinde cochleare Funktionen den statischen räumlich benachbart lokalisiert.

Auch das Areal TG nach Economo, Feld 38 nach Brodmann gehört schon nach dem cytoarchitektonischen Bau zur Hörsphäre. Wie ich schon ausgeführt habe, ist in diesem Areale auch die Cajalsche Zelle anzutreffen. Henschen u. a. haben das Musikverständnis hierher verlegt. Der Zellaufbau der breiten

III. Schicht läßt eine assoziative Leistung erwarten und spricht für diese Annahme.

Die großen Zellen der V. Schicht lassen aber auch auf effektorische Leistungen schließen, wie sie in der Nachbarschaft von Sinnesrinden als motorische Funktionen anzunehmen sind.

―――

Aus den anatomischen Untersuchungen ging hervor, daß die Abgrenzung der engeren und weiteren Hörrinde von anderen Rindengebieten histologisch durch die CAJALsche Hörzelle möglich ist. Wir sehen aus den obigen Ausführungen über die Physiologie des Hörens, auch wenn sie noch hypothetisch sind, daß alle die Areale, welche durch die Anwesenheit der CAJALschen Hörzelle ausgezeichnet sind, in den Bereich der Beteiligung am Hörakte hineingezogen werden können.

Es ergibt sich nun die Frage, ob wir diese Hörzelle, die wir als eine Spezialzelle der Hörzelle ansehen können, nur morphologisch als solche bezeichnen können, oder ob diese wirklich allein die Trägerin einer spezifischen Funktion ist und somit auch als funktionelle Spezialzelle angesprochen werden kann. Es wurde schon ausgeführt, daß der Zellaufbau der Hörrinde durch den Typus des Koniocortex im allgemeinen den Charakter eines sensorischen Rindengebietes hat, und es würde sich die spezifische Leistung daher nicht nur aus der Architektonik, sondern auch aus der Anwesenheit dieser Spezialzelle ergeben.

Die Analogie in den Leistungen zu anderen Sinnen, vor allem des Gesichtssinnes, fordert zu anatomischen Vergleichen heraus. Wir wissen, daß die Netzhaut eine Doppeleinrichtung der Stäbchen und Zapfen für Helligkeit und Farben aufweist, die in den von HENSCHEN (18) in der Körnerschicht von IVb durch vergleichende Untersuchungen an Tag- und Nachtaffen wahrscheinlich gemachten Lichtsinn- und Farbsinnzellen der Area striata ein Gegenstück gefunden haben. Auch in der Schnecke dürften Vorrichtungen bestehen, die eine Aufnahme und damit Differenzierung der Gehörseindrücke in Geräusche, Töne und Laute bereits ermöglichen. Daß dies durch die beiden Haarzellarten des CORTIschen Organes, die äußeren und inneren Haarzellen, vor sich geht, ist wohl möglich. In den weiteren Abschnitten der Hörleitung und in den Kernen der Umschaltstellen der Medulla oblongata und des Kniehöckers besteht bisher kein Anhalt für eine getrennte Leitung des akustischen Reizes. Ebenso war es bisher auch noch nicht möglich, in den Rindenfeldern anatomische Korrelate für die differenten Höreindrücke zu finden. Es ist daher der CAJALschen Zelle allein eine spezifische Leistung für einen bestimmten akustischen Hörakt wohl nicht zuzuschreiben. Ob ihr im Vereine mit anderen Zellen oder Zellgruppen solche Funktionen zugemutet werden dürfen, ist hypothetisch, liegt jedoch im Bereich der Möglichkeit. Dafür spricht ein Befund, welcher bisher nicht bekannt war, und den ich beim Studium der Hörbahn erheben konnte.

Im Kerngebiete des inneren Kniehöckers und in den hinteren Zweihügeln, konnte ich, wie schon ausgeführt, mit meiner Silberimprägnationsmethode spindelförmige Zellen, einzeln verstreut, finden, welche mit ihren seitlich in einer Ebene abgehenden Dendriten morphologisch eine außerordentliche Ähnlichkeit mit den CAJAL-Zellen in der Hörrinde aufweisen. Nur in der Größe bestehen Differenzen. Während die CAJALschen Zellen in der Rinde eine Höhe von 6—7 μ und eine Breite von 12—14 μ erreichen, sind diese Zellen (Abb. 16, 17) um etwa ein Drittel größer: Höhe 10—12 μ, Breite 20—23 μ. Ich meine aber, daß diese Größenunterschiede in der Morphologie nicht als Gegengrund angesehen werden können, und ich möchte daher diese Zellen auch als CAJALsche Zellen gelten lassen.

Aber nicht nur im Kerngebiet des inneren Kniehöckers und hinteren Zweihügel, sondern auch im Acusticuskern des verlängerten Markes sind Zellen anzutreffen, welche durch ihre Gestalt als „CAJAL-Zellen" anzusprechen sind. Die Abb. 18 zeigte mit derselben Methode wie die frühere eine spindelförmige Zelle im Nucleus cochlearis dorsalis, welche in den Größenmaßen zwischen der CAJALschen Zelle der Rinder und der des inneren Kniehöckers sowie hinteren Zweihügel liegt. Die Übereinstimmung der Gestalt dieser Zellen sowohl in der Rinde als auch in den Kernen der Hörbahn mit der dineuritischen Ganglienzelle im Ganglion spirale der Schnecke stellt uns vor den Befund, daß das ganze Hörsystem von der Schnecke bis zur weiteren Hörsphäre *morphologisch* durch diese Zellart gekennzeichnet ist.

Dieser bemerkenswerte Befund drängt zur Vermutung, daß diese Zellen, welche die Hörrinde und die tiefer gelegenen Kerngebiete der Hörleitung auszeichnen, zu den morphologischen Bedingungen für das Zustandekommen des Höraktes gehören. *Wir sind jedoch nicht berechtigt, dieser Zelle allein die Gesamt- oder Einzelwahrnehmung der Gehörseindrücke zuzuschreiben, wie es* HENSCHEN *macht, der, z. B. für die Lichtsinn- und Farbensinnwahrnehmungen den Körnerzellen der IV b Schicht solche Teilaufgaben auf optischem Gebiete zuweist. Eine Zellart könnte wohl kaum so komplizierte Aufgaben, wie die Analyse des Gehörswahrnehmungsaktes, übernehmen. Wohl aber glaube ich, daß diese Zelle im Verbande mit anderen in den architektonisch charakteristischen Gebieten sowohl des verlängerten Markes und inneren Kniehöckers als auch der Rinde zu den morphologischen Grundlagen für die Physiologie des Hörens gehört.* Untersuchungen am Gehirne von Taubgeborenen und Taubgewordenen werden hier vielleicht Aufklärung bringen und im nachfolgenden sei ein Beitrag gebracht.

In diesem Zusammenhange möchte ich nämlich noch

III. die anatomischen Befunde bei Taubheit

kurz besprechen, da sie uns unter Umständen zu Rückschlüssen auf die Physiologie führen können. Obwohl man schon seit Jahrzehnten den anatomischen und histologischen Befunden bei Taubstummen großes Interesse entgegengebracht hat (PROBST, NIESSL u. a.), sind doch unsere Kenntnisse bis in die letzten Jahre lückenhaft geblieben. Die makroskopischen Befunde bei angeborener Taubheit allein sind nicht so regelmäßig und charakteristisch, als daß sie einen sicheren Schluß zuließen. Dies geht sowohl aus älteren Arbeiten als auch aus einer der jüngsten von ESCARDÓ und HORN (19) hervor. Diese Autoren konnten nur Einzelheiten im Gehirn einer Taubstummen erheben, die als bemerkenswert anzuführen sind. Sie fanden grobmorphologisch ein Aushöhlung des Planum temporale beiderseits und ein Fehlen des Sulcus intermedius. Die Rinde wies im Gebiete der HESCHL-Windungen im Areal TB mangelhafte Streifung auf, die Zellen waren auffallend klein. Im Areal TC war die mangelhafte Verkörnelung der Rinde ein hervorstechendes Zeichen, und die Autoren messen dieser Veränderung neben den früher erwähnten eine besondere Bedeutung bei.

Ich hatte Gelegenheit, das Querwindungsgebiet eines an Acusticustumor verstorbenen Patienten zu untersuchen, bei dem eine Taubheit über 1 Jahr auf der rechten Seite bestand.

Es handelte sich um eine 54jährige Frau, welche wegen rechtsseitiger Taubheit auf die Ohrenklinik aufgenommen wurde. Die otologische Untersuchung erweckte den Verdacht eines Kleinhirnbrückenwinkeltumors, und die Patientin wurde daher auf die Universitäts-Nervenklinik gewiesen. Hier konnten die allgemeinen Erscheinungen des raumbeengenden Prozesses (Stauungspapille, Bradykardie, Kopfschmerz) und die Symptomatik des Kleinhirnbrückenwinkelprozesses (zentrale Taubheit, Unerregbarkeit des Vestibularis rechts, rechtsseitige Hypotonie, Tremor am rechten Arm, gesteigerter Sehnenreflex an den unteren Extremitäten) festgestellt werden. Die Operation bestätigte die Diagnose, doch starb die Patientin bald nach der Operation.

Makroskopisch war an den Querwindungen keine Veränderung zu beobachten. Mikroskopisch waren im Gebiete der Hörrinde rechts und links Veränderungen anzutreffen. Diese waren unregelmäßig und inselartig, besonders im linken Querwindungsgebiet und im geringeren Maß auch rechts vorhanden (Abb. 21). Die nebenstehende Abbildung zeigt, wie im Furchenboden des Sulcus HESCHL (HESCHLsche Parallelfurche), CAJALsche Zellen überhaupt nicht, Körnerzellen kaum mehr nachzuweisen sind und von den Pyramidenzellen nur mehr die Hauptdendriten in allen Schichten, besonders aber in der V. und VI. Schicht zur Darstellung gelangen (Abb. 22).

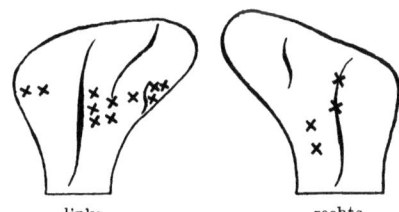

Abb. 21. Acusticustumor rechts, HESCHL-Windungen links. An den Stellen x pathologische Veränderungen im Zellbild (Schema).

Dieser eigenartige Befund, bestehend in Schwund der CAJAL- und Körnerzellen sowie Schädigung der Pyramidenzellen, besonders in V und VI ist am Furchenboden am deutlichsten, jedoch auch auf der Windungskuppe der ersten HESCHL-Windung inselartig im Gebiete von TC auftretend, war nachzuweisen. Im rechten Querwindungsgebiet ist derselbe Befund wieder am Furchenboden und ganz vereinzelt in der Windungskuppe der ersten HESCHL-Windung ebenfalls, wenn auch in geringerem Maße, anzutreffen.

Aus diesen Ergebnissen möchte ich noch keinen Schluß ziehen; Untersuchungen anderer Gehirne, vor allem von Taubstummen, bei denen die Wirkung der Raumbeengung wegfällt, werden vielleicht eine Stellungnahme ermöglichen.

Vorläufig möchte ich nur darauf hinweisen, daß der Schwund der Körnerzellen im Querwindungsgebiete sowohl durch ESCARDÓ und HORN sowie durch meine Untersuchungen nachzuweisen war und daß diese Gemeinsamkeit der Befunde in der sensorischen Rinde hervorgehoben zu werden verdient.

Zusammenfassend kann daher über die morphologische Grundlage der Gehörswahrnehmung die Vermutung ausgesprochen werden, daß

1. die CAJALsche akustische Zelle zu den morphologischen Bedingungen gehört, welche die Gehörswahrnehmung ermöglichen, da sie sowohl in dem grauen Kerne der Hörbahn als auch in der engeren und erweiterten Hörsphäre regelmäßig

vorkommt. Ihre morphologische Verwandtschaft mit der dineuritischen Zelle des Spiralganglions ist ein bemerkenswerter Befund, der vielleicht einen Beitrag zur

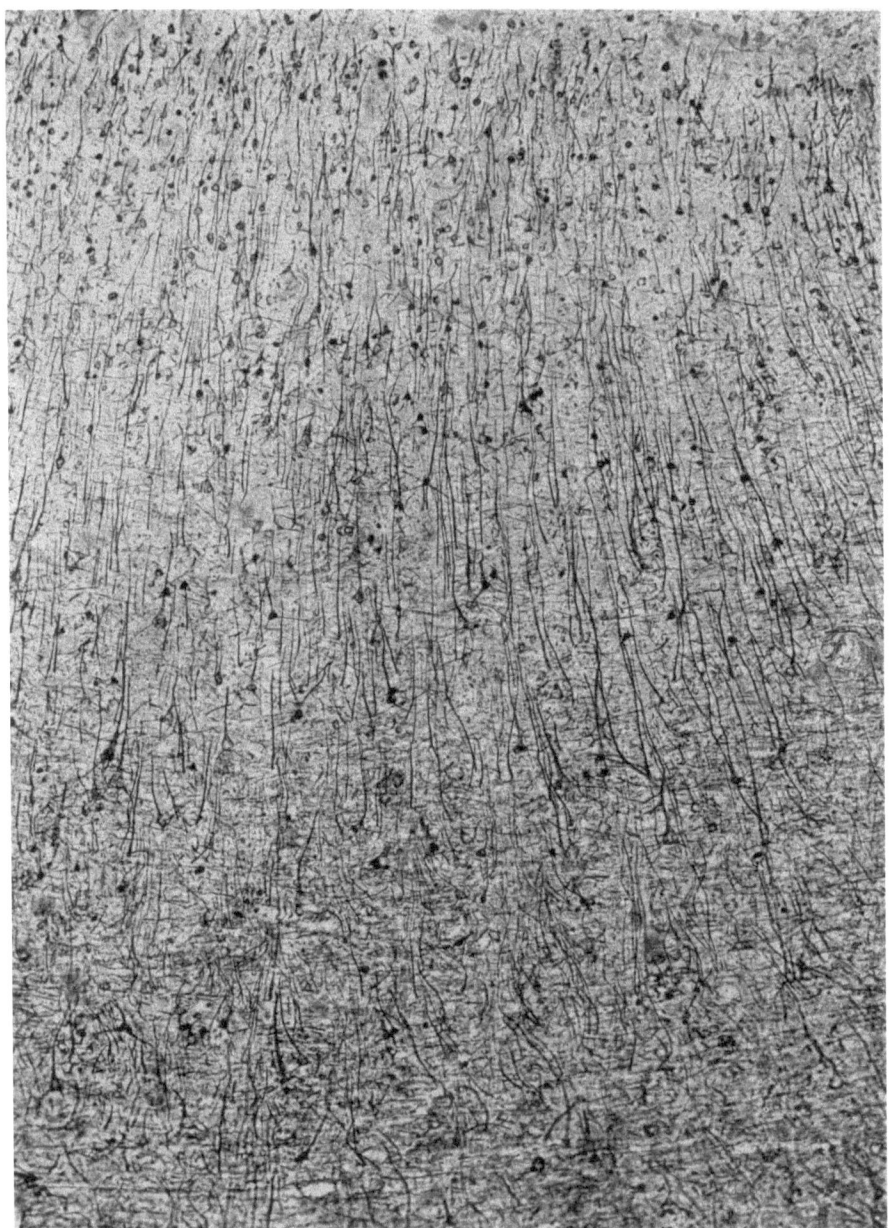

Abb. 22. Furchenboden der HESCHLschen Furche eines Acusticustumors. Schwund der Körnerzelle, Schädigung der Pyramidenzellen. (Retrograde Degeneration.)

Frage: Gestalt und Funktion der Ganglionzelle im allgemeinen und im besonderen bei der komplizierten Leistung des Hörens darstellt. Ist die sensorische Rinde

Zusammenfassung.

im allgemeinen durch Körnerzellen ausgezeichnet, so werden durch die CAJALsche akustische Zelle die Kerne der Hörbahn und Hörsphäre im besonderen charakterisiert.

2. Wird die Hörsphäre nicht mehr von akustischen Reizen durch Zerstörung des Nervus acusticus (cochlearis) getroffen und stellen sich aus diesem Grunde Degenerationserscheinungen an den Ganglienzellen ein, so sind von diesen die CAJALschen und die Körnerzelle am ersten und stärksten betroffen. Aus diesem Befunde kann wieder auf die Bedeutung der Körnerzelle für sensorische Leistungen im allgemeinen, der CAJALschen Zelle im besonderen für die akustischen geschlossen werden.

3. Obwohl es anatomisch feststeht, daß die erste HESCHLsche Querwindung den Einstrahlungsbezirk der Hörbahn darstellt, kann eine bestimmte architektonische Struktur als alleinige Aufnahmestelle für akustische Reize derzeit nicht angenommen werden, mit anderen Worten, wir kennen bis heute noch nicht jenen Zellbautypus in der Rinde, welchem diese Aufgabe allein zukäme. Sicherlich würde dieser Zellaufbau auch durch die Anwesenheit der CAJAL-Zelle ausgezeichnet sein. Durch diese Feststellung verliert die HENSCHENsche Lehre über die Bedeutung der Querwindung und der ihr übergeordneten Rindengebiete nicht an Wahrscheinlichkeit. Sie entspricht auch heute noch unseren Erfahrungen aus der Pathologie und wird auch durch entwicklungsgeschichtliche und psychologische Betrachtungen gefördert.

Der österreichisch-deutschen Wissenschaftshilfe, welche in großzügiger Weise Mittel zur Verfügung gestellt hat, sei an dieser Stelle noch mein besonderer Dank ausgedrückt.

Literatur.

1. HESCHL, RICHARD L.: Über die vordere quere Schläfewindung des menschlichen Großhirns. Wien: Wilhelm Braumüller 1878.
2. WERNICKE: Der aphasische Symptomenkomplex. Deutsche Klinik, 1903. (1. Aufl. 1874.)
3. FLECHSIG: Neur. Zbl. **1886, 1894, 1895, 1908**. Ber. math.-physik. sächs. Ges. Wiss. Leipzig **1907**.
4. PFEIFER, RICHARD ARNED: Myelogenetische anatomische Untersuchungen über das corticale Ende der Hörleitung. Abh. math.-physik. Kl. sächs. Akad. Wiss. 37. Leipzig: J. B. Teubner 1920.
5. BRODMANN, K.: Beiträge zur histologischen Lokalisation der Großhirnrinde. Mitt. I—VII. J. f. Psychiatr. **2** (1903); **4** u. **6** (1905); **10** u. **12** (1907); **19** (1908).
6. ECONOMO, KONSTANTIN V. u. G. KOSKINAS: Die Cytoarchitektonik der Hirnrinde des erwachsenen Menschen. Berlin u. Wien: Julius Springer 1925.
7. CAJAL, RAMON: Studien über die Hirnrinde des Menschen (Deutsch von BRESLER). H. 1—5. Leipzig: Johann Ambrosius Barth 1900—1906.
8. CRINIS, M. DE: Über Spezialzellen in der menschlichen Hirnrinde. J. de Neur. **46** (1934).
9. ECONOMO, K. V. u. L. HORN: Z. Neur. **130**, 678 (1930).
10. BECK, E.: J. f. Psychiatr. **31**, 281 (1925).
11. MONAKOW: Lokalisation im Großhirn. Wiesbaden: J. F. Bergmann 1913.
12. WERNICKE: Gesammelte Aufsätze und kritische Referate zur Pathologie des Nervensystems. Berlin 1893.
13. KLEIST, KARL: Gehirnpathologie vornehmlich auf Grund der Kriegserfahrungen. Leipzig: Johann Ambrosius Barth 1934.
14. KALISCHER: Arch. f. Physiol. **1909**; Zbl. Physiol. **24**.
15. NIESSL V. MAYENDORF, E.: Mschr. Psychiatr. **25**, 97 (1909).
16. HENSCHEN, S. E.: Über die Hörsphäre. J. f. Psychiatr. **22**, Erg.-H. 3 (1918); Z. Neur. **47**, 55 (1919).
17. CRINIS, MAX DE: Aufbau und Abbau der Großhirnleistungen und ihre anatomische Grundlage. Berlin: S. Karger 1934.
18. HENSCHEN, S. E.: Lichtsinnzellen und Farbsinnzellen. Hygiea (Stockh.) **91**, 705—731 u. deutsche Zusammenfassung, S. 728—730.
19. ESCARDÓ u. HORN: Z. Neur. **135**, 555 (1931).
20. QUENSEL: Neur. Zbl. **1908**, 650. Dtsch. Z. Nervenheilk. **35**, 25.

MIX
Papier aus verantwortungsvollen Quellen
Paper from responsible sources
FSC® C105338

If you have any concerns about our products,
you can contact us on
ProductSafety@springernature.com

In case Publisher is established outside the EU,
the EU authorized representative is:
**Springer Nature Customer Service Center GmbH
Europaplatz 3, 69115 Heidelberg, Germany**

Printed by Libri Plureos GmbH
in Hamburg, Germany